电能计量装置状态检修技术

主　编　吴重民　聂一雄
副主编　邓广昌　温盛科　蔡妙妆

中国水利水电出版社
www.waterpub.com.cn
·北京·

内 容 提 要

本书在介绍电能计量装置基本结构的基础上，针对电能计量装置在运行时可能出现的各种现象，详细分析、介绍了状态检修技术应用于电能计量装置运行状态评估的原理、技术和实现方法。全书分为 4 章：第 1 章概述了电能计量装置和状态检修技术的国内外发展现状，阐述了基于状态监测技术的电能计量装置运行管理的特点和作用；第 2 章在介绍电能计量装置的工作原理和基本结构的基础上，分析了装置运行中可能出现的各种现象及其产生的原因；第 3 章介绍了几种数据分析和数据挖掘理论的基本原理及其在电能计量装置状态监测评估中应用的理论和相关技术；第 4 章以南方电网各供电局投运的计量一体化管理系统为对象，介绍了状态监测评估方法在电能计量装置中应用的技巧和实现方法。

本书可作为从事电能计量装置运行管理工作的工程技术人员和科研人员的参考用书，也可供高等院校相关专业作为参考教材。

图书在版编目（C I P）数据

电能计量装置状态检修技术 / 吴重民，聂一雄主编
. -- 北京：中国水利水电出版社，2017.7
ISBN 978-7-5170-5743-7

Ⅰ. ①电… Ⅱ. ①吴… ②聂… Ⅲ. ①电能计量－设
备检修 Ⅳ. ①TB971

中国版本图书馆CIP数据核字(2017)第223335号

书　　名	**电能计量装置状态检修技术** DIANNENG JILIANG ZHUANGZHI ZHUANGTAI JIANXIU JISHU	
作　　者	主编 吴重民　聂一雄　副主编 邓广昌　温盛科　蔡妙妆	
出版发行	中国水利水电出版社 （北京市海淀区玉渊潭南路 1 号 D 座　　100038） 网址：www. waterpub. com. cn E - mail：sales@waterpub. com. cn 电话：(010) 68367658 （营销中心）	
经　　售	北京科水图书销售中心（零售） 电话：(010) 88383994、63202643、68545874 全国各地新华书店和相关出版物销售网点	
排　　版	中国水利水电出版社微机排版中心	
印　　刷	北京瑞斯通印务发展有限公司	
规　　格	184mm×260mm　16 开本　10.5 印张　249 千字	
版　　次	2017 年 7 月第 1 版　2017 年 7 月第 1 次印刷	
印　　数	0001—2000 册	
定　　价	**78.00 元**	

前言 QIANYAN

电能计量是电力生产过程中的一个重要环节。电能计量装置是我国工农业生产和日常生活中不可缺少的一种计量设备，其运行的状态直接关系到电能计量的可靠性和准确性。随着电力系统的快速发展，种类繁多、数量巨大的电能计量装置的工作状态的检测问题已成为一个亟待解决的关键问题，它不仅影响到电力系统的经济效益，也关系到整个社会用电公平，深入开展电能计量装置状态监测技术的研究对于电力系统乃至所有电力用户都具有很强的现实意义和实际应用价值。

计量自动化系统的应用是解决电能计量装置的状态监测问题的一个重要手段。它利用传感技术和数据通信技术，通过对现场用电负荷用电参数的采集，应用电工原理的专业理论和数据分析技术可以实现对电能计量装置运行状态的分析评估，及时发现电能计量装置的计量异常故障，从而保证计量的准确性。

本书在介绍电能计量装置的基本结构的基础上，针对电能计量装置在运行时可能出现的各种现象，详细分析、介绍了状态检修技术应用于电能计量装置运行状态评估的原理、技术和实现方法。第1章概述了电能计量装置和状态检修技术的国内外发展现状，阐述了基于状态监测技术的电能计量装置运行管理的特点和作用；第2章在介绍电能计量装置的工作原理和基本结构的基础上，分析了装置运行中可能出现的各种现象及其产生的原因；第3章介绍了几种数据分析和数据挖掘理论的基本原理及其在电能计量装置状态监测评估中应用的理论和相关技术；第4章以南方电网各供电局投运的计量一体化管理系统为对象，介绍了状态监测评估方法在电能计量装置中应用的技巧和实现方法。

本书共分4章。吴重民负责编写第1章和第4章的4.1、4.2；邓广昌负责编写第2章的2.1、2.2；温盛科负责编写第2章的2.3；蔡妙妆负责编写第

2 章的 2.4；聂一雄负责编写第 3 章和第 4 章的 4.3～4.5，并负责全书的统稿。广东工业大学研究生卢健豪参与完成了第 4 章的建模分析和计算机仿真计算方面的工作；广东工业大学殷豪副教授和研究生焦夏男、周志琴、陈云龙等同学在资料收集与插图绘制方面参与了部分工作。广州城市用电有限公司张彤高级工程师、广州供电局计量中心饶艳文高级工程师对本书的内容提出了宝贵的意见，并对本书的统稿给予了大力支持和直接帮助。另外，广州供电局计量中心杨悦辉、陈劭华、李慧、付学谦、张捷等以及广州朗科科技股份有限公司何亮照对本书的编写工作也给予了大力支持。作者在此一并表示感谢。

由于本书涉及内容比较广泛，限于编者对内容的理解深度以及所接触的实际应用的限制，虽经作者反复推敲，书中难免存有不妥之处，敬请读者见谅，并不吝批评指正。

作者

2017 年 5 月

目 录 MULU

第 1 章

绪 论

国民经济的快速发展导致对电力需求不断增大。用电网络规模的日渐庞大和用户服务要求的多样性使电网运营管理部门的工作日渐繁重，其中电能计量装置作为电力供应的重要一环，其运行管理随着《中华人民共和国计量法》和"一户一表，管电到户"等相关法律法规、政策的贯彻，更是越来越使得电力行业员工的工作量倍增。如何提高对运行设备的检测效率，降低运营成本，已成为一个迫在眉睫的现实问题。

电能计量装置由智能电表表计、电压互感器、电流互感器以及计量二次回路等部分组成，每个部分在测量过程中出现问题都会影响到计量的准确性。而电能计量的准确性、可靠性对于公平用电意义重大，它直接关系到发电、供电与用电企业的经济利益。电能计量装置运行状态的监测与诊断对于确保电能计量的准确性，维护社会公正和发电、供电、用电三方的合法权益，在市场经济条件下的今天显得尤其重要。

1.1 概 述

随着电力企业体制改革的不断深入，发电厂、供电公司对经济效益的考核愈来愈重视，为保障贸易结算过程中电能计量的准确和可靠，发电、供电、用电三方都密切关注电能计量的准确性，电能计量装置的技术管理对于电力生产的有效运行越来越显示出其重要性。

但随着国民经济的不断发展，电能计量技术管理面临着新的挑战，出现了一些新的技术问题，如电网规模的日益扩大导致的交易电量和电能计量装置越来越多，多费率分时段电价政策的贯彻执行对计量装置智能化的要求不断提高，智能电网建设对电能计量装置功能的需求，以及非线性负荷的与日俱增引致电网谐波污染加重产生的谐波对电能计量影响及其应对措施等，在目前普遍采用的低效率的传统人工现场校验工作模式下，要求在有限的人力条件下实现规范化的技术管理，有效控制计量故障的发生，减少差错电量，确实是困难重重。传统的定期校验、轮换的检修方式已不能满足生产发展的需要。

传统检修方式存在以下缺陷：

（1）设备存在潜在的不安全因素时，因未到检修时间而不能及时排除隐患。

（2）设备状态良好，但已到检修时间，就必须检修，检修存在很大的盲目性，造成人力、物力的浪费，检修效果不好。

状态监测能及时发现设备缺陷，为主设备的运行管理提供方便，为检修提供依据，减少人力、物力的浪费。

状态检修（Condition Based Maintenance）是根据状态监测和诊断技术提供的设备状态信息，评估设备的状况，在故障发生前对设备进行检验与维修的一种检修方式。其目的是对运行设备进行实时的动态监测，及时掌握设备情况，以便在运行设备出现问题前采取适当的方式进行维护和修理，最大限度地降低因设备故障对工作造成的损失。

状态检修是企业以安全、可靠性、环境、成本为基础，通过设备状态评价、风险评估、检修决策等过程，达到运行安全可靠，检修成本合理的一种检修策略。状态检修就是在一定时期内通过必要的监测手段等，保证设备运行可靠的措施，并以对监测数据的分析为依据，适当延长或缩短（如果数据不良也可能缩短）检修周期，根据设备的运行工况和绝缘状态进行检修的一种处理方法。

状态检修可以减少不必要的检修工作，节约工时和费用，使检修工作更加科学化。但是，状态检修是一项复杂系统的工程，其实现的前提是需要建立一整套的管理体制、方法机制、技术手段、保障体系，从而规范设备状态检修的实施。

管理体制主要关注的是状态检修工作所需要的组织形式以及组织形式的相关职责、分工，状态检修的主要工作流程体系，包括组织体系、工作流程、绩效评估等，比如当前国家电网公司提出的状态检修三级评价体系的流程体系。

方法机制是指状态检修工作所运用的机理和方法，比如针对各类电力设备开展状态评价需要运用的检测方法、状态量定义以及评估方法、评价模型等。其主要体现为一系列的试验规程、评价导则、技术导则、检修工艺导则等。方法机制研究内容包括：针对不同的电力设备类型对这些设备故障模式的研究，状态检修管理模式适用性的研究，设备特征量及状态量的定义、状态量的采集方法及存储方法的研究，状态检修评估、诊断方法的研究，状态检修评估管理流程的研究等。

技术手段是指在进行状态评价工作中，通过相关的技术手段实现相关的检测方法和评估过程。目前研究中采用的设备状态评价方式多样，每种方法都有自身的优点和局限性，为了更好地实现专业化、标准化的状态检修管理，参考现有的各个行业的安全评价方法，采取多种状态评价方法相结合的技术手段实现状态评价应该是未来的发展趋势。

保障体系是指为保证状态检修工作顺利开展所需要的辅助工作，比如装置入网检测、运维，标准文件制定，状态检修工作仿真模拟、人员培训等内容。

以管理机制、方法体制、技术手段和保障体系为基本框架，形成电力设备状态检修专家系统软件的评估模型、分析模型，是设备状态检修开发的基本技术路线。

1.2　状态检修的国内外研究概述

电网设备的运行状况对电力系统的安全可靠性影响重大。设备故障往往会造成用户停电，导致直接的经济损失，且需要花费大量的时间和费用进行维修，因此对于电网设备应采用科学合理的检修体制，提高检修的针对性和有效性，发现问题于萌芽状态并及时解决，从而保障系统的安全性和供电的可靠性，为电网创造更多的经济效益和社会效益。电网设备状态检修正是在这一需求下发展起来的。

智能电网主要由高级计量体系（AMI）、高级配电运行体系（ADO）、高级输电运行体系（ATO）和高级资产管理体系（AAM）四大体系构成，其每一项的内容都与状态检修技术相关。可以说，状态检修技术是智能电网建设的重要组成部分。

状态监测和诊断技术是状态检修的两个重要组成部分。在智能电网建设不断发展的今天，电网设备的状态检修日益体现出其重要性。电网设备的状态监测越来越得到国内外电力部门的关注；多功能、多状态的在线监测技术和离线检测技术得到推广和应用，为电网设备状态检修工作提供了有效手段；高度信息化管理模式、远程可观可控设备诊断技术给电网设备状态检修策略的系统化提供了越来越多的技术支撑。

1.2.1　电力设备状态检修发展历程

电力设备的检修经历了三个阶段的演变。

第一阶段是事后检修（Corrective Maintenance，CM）。事后检修是最早的检修方式，其特点在于当设备发生故障后才进行检修，其施行原因是缺乏设备运行监测手段，对设备运行规律认识还不深入，仅适用于因故障引起的设备损失小的场合，在现代电力系统中这种检修方式一般是不可取的。

第二阶段是定期检修（Time Based Maintenance，TBM）。该检修方式是在对某一类设备运行规律把握的基础上，试图在设备故障前实施检修。根据采用的检修策略的不同，定期检修有多种实施方式，基于设备役龄的更换和周期性检修优化是常用的检修模式。基于设备役龄的更换检修方式是通过将设备服役时间划分为初试故障期、偶发（随机）故障期和耗损故障期等三个不同的区域，再根据不同设备的磨损和老化特点，针对不同阶段采用不同的维修策略的定检模式。周期性检修优化方式则是在一定的周期内以设备的检修周期为决策量，在设计的寻优指标前提下，运用某类算法分析计算设备的最优检修时间和策略的定检模式。总体而言，定期检修是以某一类设备的整体运行规律为依据，以运行时间长短为标准，缺乏对设备个体性能变化趋势的考虑，不可避免出现过检修而造成检修费用增大，或检修不足导致可靠性降低的现象。

第三阶段是状态检修（Condition Based Maintenance，CBM）。状态检修是伴随设备状态监测技术发展而兴起的检修方式。其检修决策的原理是通过有针对性的监测设备运行中影响其运行状态的特征信息，利用数据分析和推理评估的方法判断设备的工作状态是否异常，以及预判设备故障的可能性，以达到在设备故障前进行检修的目的。相较于定期检修，虽然二者都强调在设备发生故障前实施检修，但设备状态检修在针对具体的单台设备的检修时机上的把握更适时，检修更具有针对性和准确性。

状态检修技术研究是以确保设备的可靠运行（故障概率最小）为出发点展开的，其检修评估指标可以采用各种不同的能够考核设备运行特性的参数，如健康指数（系统正常运行的概率）、预期缺电概率、利用效益成本比、考虑设备特性的综合统计指标等，作为状态检修的目标函数，从而实现设备检修和运行成本的最优化。

状态检修技术的研究始于20世纪70年代末，现已在欧洲、美国、日本等经济发达国家和地区得到了广泛的应用，尤以航天、电力等工业领域的应用为多。在我国电力系统的应用研究则是从21世纪初才开始的，目前还处于探索和倡导阶段，仅在部分地区实行，如山东、浙江、江苏、广东、河南等省电力（电网）公司和广州、深圳、上海、青岛等市供电局（公司）。且由于对状态检修的基本理论和技术研究的深入程度不够，如定量评价指标体系的确立、在线监测手段及参数的选择、状态检修策略的制定等，使得该技术的应用优势不明显，基本特征是各树一帜，进程缓慢，各方面推进的原动力不够，亟需进一步的探索研究。

1.2.2 状态检修的国内外研究现状

智能电网利用最先进的技术，从两个不同的时间层面优化资产的利用。短期层面上关注电网的日常运行；长期层面上关注显著改善资产管理过程。从具体的实现技术上，则归结为电网设备状态检修策略的研究及其辅助决策系统的开发。其中，电网设备状态评价与风险评估利用传感器获取电网及设备的信息数据，及时发现潜在隐患并进行相应的检修维护，有效提高设备利用率和检修针对性，从而在短期的日常运行层面上提高设备运行效率，实现资产的优化利用。电网设备检修优化使各个管理单元精确、高效、协同和持续运行，完善设备管理过程，以最少的资源满足电网最大需求，从而能够在持续长期的时间层面上实现资产的优化配置。而电网设备状态检修各辅助决策模块则能够为设备优化利用与管理提供全过程全方位的支撑和精确的数据支持。

美国电力科学研究院从 20 世纪 70 年代末开始对电力设备的状态检修进行研究和应用；日本从 20 世纪 80 年代开始对电力设备实施以状态分析和在线监测为基础的状态检修；欧洲大多数国家也在持续深化基于状态检修的检修体制改革。到目前为止，基于计算机网络技术的设备管理、事故分析和预警系统在欧美各国已普遍应用。如美国 50% 以上的电力公司应用设备状态检修技术对发电设备实施状态检修，通过油质分析、红外热成像分析、辅机振动分析、汽机振动分析、机组性能试验、金属试验及马达状态监测等离、在线监测技术的应用，使电机检修费用减少 70% 以上。英国国家电力公司利用设备信息管理集成系统软件包和监测仪器，对主要辅机如风机、磨煤机、水泵机等进行在线或离线状态监测，通过监测诊断信息制定预知性维修项目和计划，实现了辅机状态检修，仅 2 台 500MW 机组通过实施状态检修一年即可节约维护费用 160 万美元。新加坡新能源电网有限公司在电网的生产管理中引入设备状态检修策略，通过地理信息系统、通信与信息专家系统、数据采集与监控系统等成熟的平台技术，结合先进的状态监测手段，实现了设备运行状况的实时监测，在此基础上，制定的事故防范与应对策略、安全管理体系等相关实施规程，有效保证了设备的安稳运行。

我国在这方面的应用开展得较晚，但据相关文献对国内 34 个供电公司的统计表明，尽管定期检测、定期维修的维修方式仍然占主要地位，但状态检修的概念已逐渐被各企业接受。对某些设备或主要设备的检测和维修的内容及周期，根据运行状态进行相关调整的单位已超过半数，很多单位除执行上级制定的暂行导则外，另外还有本单位的部分补充规定，以加强设备运行维护的管理。如：广东省电网公司针对多年设备检修的经验与教训，制定了《广东省油浸电力变压器状态检修导则》《高压开关状态检修导则》等；青岛市供电公司以《国家电网公司输变电设备状态检修第二期培训班材料》中的相关规定为标准，制定了《青岛供电公司变电设备状态检修管理规定》，规定了各类设备大修的周期，规定设备到大修周期而未进行大修者则视为进入状态检修期，同时开展了变压器、断路器、电力电缆等设备的在线监测工作；宝鸡市供电局用 10 多年的时间，通过对 300 多台高压断路器的近千次检修状况的统计分析，制定了以断路器累计开断电流为依据的"弹性检修法"；山东、浙江省电力公司对变压器、断路器都制定了状态检修导则，用来指导基层供电局工作。

由此可见，状态检修的开展已经深入人心，各供电企业结合自己的特点，因地制宜，进行了各具特色的探索，也取得了长足的进步。状态检修这一先进的技术和管理体制必将在我国电力行业中得到越来越多的推广和应用，取得令人瞩目的经济和社会效益。

状态检修是根据设备的日常点检、定期巡检、连续监测、故障诊断和故障预测等相关信息，通过数据的统计分析和二次处理达到对设备的工作状态评估，或由专业运维人员根据特征参数的变化趋势和幅值变化对设备状态的变化趋势做出判断，并在故障发生之前对设备进行适当的维护。状态检修技术体系框架包括三个基本组成部分：数据采集与处理、故障诊断与故障预测、维修决策支持。

1.2.2.1 状态监测技术

状态监测技术是指对反映设备运行状态的参量数据信息的数据采集与处理的系统方法，目的是让运维人员了解运行设备的状态信息，清楚地知道什么时候需要何种维护，从而在确保设备不会意外停机的情况下，减少人力的消耗。状态监测是状态检修实现的基础，检测参数根据检测对象的不同而异，主要是依据 DL/T 596—1996《电力设备预防性试验规程》对设备运行条件的要求选定。

目前，国内外电力设备的状态检测研究主要集中在电力系统的关键一次设备，包括发电机、变压器、断路器、电力电缆、GIS 等设备，也有关于避雷器、输电线路和互感器等方面的研究。利用状态检测技术检测的能反映上述电气设备各部件的运行状况的监测参数主要有电流、电压、局部放电量、脉冲电流、电阻（阻抗）、频率、有功（无功）、温度、湿度、压力、位移、速度、加速度、振动、气体成分、水分含量、色谱成分等参量。

随着传感器技术、电子技术、计算机技术和信号处理技术的发展，状态监测技术有了飞跃性的发展，主要体现在传感器的种类越来越多，传感精准度和灵敏度越来越高，可靠性与抗干扰能力越来越强，传感信号校正和补偿等数据处理技术和方法更为丰富，输出方式向数字化和标准化迈进，各种类型的单片机已成为基本的信号处理和数据分析工具。未来的电力系统状态监测技术将会在以下几方面深入发展：

（1）信号传感技术。随着监测对象的不断增加，对新的检测项目更有效的检测方法的基础研究将会进一步地深入。

（2）数据处理技术。由于电力设备状态监测获取的数据量很大，常规的数据处理方法会遇到极大的困难，研究新的数据快速分析和处理的方法已成技术发展的必然。

（3）多功能、多状态的在线监测系统将得到进一步发展。

（4）设备状态的远程监测。电力设备的日益增加将导致运维人员劳动强度的不断增大，为弥补运行维护人员和故障诊断经验的不足，利用网络技术发展远程监测技术可充分实现数据获取与数据分析、故障诊断专家知识的共享，提高故障诊断的准确性。

（5）状态监测系统与继电保护将有机地结合起来，尤其在分布式的监控系统中。

几十年来的研究与应用经验表明，在发展新型的状态监测系统方面，先进的信号处理技术和人工智能技术是必不可少的。随着计算机技术和通信技术的快速发展，以及信号处理技术和人工智能技术的快速发展，具有高灵敏度、高可靠性、高智能性和价廉特征的状态监测系统将是状态检修最强有力的工具。

1.2.2.2　故障诊断技术

设备状态检修是以设备当前实际工况为依据,通过先进的状态监测和诊断分析技术,判断设备健康状态,识别故障的早期预兆,对设备故障及其严重程度及发展趋势做出判断,并根据分析诊断结果,在设备性能下降到一定程度或者故障将要发生之前主动实施维护,因此,设备故障诊断是设备状态检修的基本前提。故障诊断与故障预测是以各具体电气设备现场运行数据为基础,应用专业理论知识和专家经验对设备的运行状态进行推理诊断,及时发现故障征兆或已发生故障的位置之所在。由于电力设备在故障初期或故障发生前,其运行状态呈现具有一定统计特征的模糊特性,随着科学技术的发展,大量先进的理论、技术、方法将被应用于故障诊断与故障预测。

近年来,应用各种数据挖掘和数学分析方法实现对故障征兆的辨识的故障诊断技术不断推出。相较于传统的故障诊断方法,新的方法在诊断效果方面明显显示出其优势。如基于溶解气体分析的 DGA 法是传统的变压器故障诊断中最常用的方法,虽然通过监测变压器油中各特征气体组分及相对含量或比值,能较准确地诊断出电力变压器潜在故障的基本性质和程度。但是,基于 DGA 的诊断方法仅能对故障性质进行分析判断,无法准确判断电力变压器故障部位,而且根据国家标准 GB/T 7252—2001《变压器油中溶解气体分析和判断导则》中给出的注意值及比值判定准则过于绝对化,实际应用中因气体产生的突发性和间歇性等原因,会导致错判或漏判现象的发生。运用模糊理论,通过对历史经验数据的统计分析,利用先进的分析方法(如遗传算法、神经网络算法、聚类分析算法等)建立模糊隶属度函数,根据专家经验知识构建模糊关系矩阵开发的变压器故障模糊诊断评估系统在很大程度上克服了传统方法存在的问题,提高了故障诊断的准确性。

设备故障诊断技术随着计算机技术与人工智能技术的发展,不断成熟,已经成为人工智能技术的一个重要应用方向。主要的技术方法包括:

(1) 基于专家系统的诊断方法。专家系统(Expert System, ES)将专家经验和专业知识结合,通过知识库、数据库、推理机、解释程序、知识获取程序和人机接口的有机组织,达到解决问题的领域专家水平。完备的知识库是保证专家系统诊断正确的关键,不完备的知识将会导致专家系统推理混乱并得出错误的结论。电力设备故障发生几率小,故障机理复杂,知识的获取和完备是故障诊断专家系统应用的难点和关键。

(2) 基于人工神经网络的诊断方法。神经网络(Artificial Neural Networks, ANN)通过对大量已知故障样本的学习,将诊断知识隐含在网络中,从而获得对未知故障进行诊断的能力。神经网络无需建立任何物理模型和人工干预,具有强大的自组织、自学习、自适应和容错等优点,已成为电力设备故障诊断的重要方法之一。该方法的不足之处在于其诊断结果的准确性依赖于样本的完备性,即神经网络法在训练时需要大量的样本。另外,神经网络存在局部极小值、收敛速度慢、易受网络结构复杂度影响等问题。

(3) 基于灰色理论的诊断方法。基于灰色理论的电力设备故障诊断方法主要有灰关联分析方法和灰色聚类分析方法。灰关联分析故障诊断是通过计算待诊数列与典型故障的标准状态数列的关联度判断故障模式;灰色聚类是对研究对象的特征指标量利用灰数的白化权函数或灰关联矩阵聚集成可定义的若干个类别以辨识不同故障。灰关联分析的先决条件是要有确定的标准故障模式，否则易产生局部关联，导致诊断结果出现偏差，因此，确立电力设备故障的标准模式是目前研究中的关键问题；而灰色聚类分析方法中白化权函数的参数值的确定是灰色聚类故障诊断准确的前提。

（4）基于模糊理论的诊断方法。模糊理论是通过模糊推理的方法实现对被检设备运行状态的诊断。模糊推理有三个基本组成部分：模糊输入矩阵、模糊关系矩阵和模糊输出矩阵。模糊输入矩阵是对输入参数的选择及其模糊化处理，一般根据具体问题的实际情况采用专家经验法、模糊统计法等确定；模糊关系矩阵的作用是确立模糊输入参数与模糊输出参数之间关系的综合评判方法，获得征兆和故障之间的模糊关系；模糊输出矩阵是建立模糊输出与设备运行状态之间的对应关系。基于模糊理论的电力设备故障诊断的关键是模糊隶属函数的确定和模糊关系矩阵的建立。如何选取最能反映设备故障的输入参数，获得以专家经验知识为基础建立的模糊隶属函数，并在模糊输入参数与故障征兆之间建立客观的模糊关系是该方法实现的关键和难点。

（5）基于数据驱动理论的诊断方法。数据驱动的思想方法提出时间不长，其研究和应用也处于相对不成熟的发展阶段，由于它与基于模型的方法相比，在诸多复杂的控制、计算领域中都存在其独特的优势，因此受到了国内外的专家学者的高度重视。基于数据驱动的方法的特点是完全从数据出发，采用自下而上的数据处理方式，不依赖于先验信息和经验知识，并且可以与基于模型的方法相互渗透并优势互补的使用，不存在相互排斥，非常适合于大型复杂工业系统的现场监控与故障诊断。由于对复杂工业过程的完全数学建模存在困难，所以基于数据驱动的思想，能够实现利用系统的在线和离线数据，实现系统基于数据的预报、评价、调度、监控、诊断、决策和优化等各种期望功能。现代工业过程复杂，广泛使用各类设备仪器，形成海量的观测数据库，工程人员没有能力对数据进行人工分析。根据数据驱动的理论，可以在工业过程中采集并存储设备仪器的大量过程数据，并对数据采取合适的统计分析方法（如主元分析方法、聚类分析、最小二乘分析法等），获取数据中包含的过程运行状态信息，实现工业过程的监控、过程自检和故障预报。数据驱动技术能够将蕴藏在高维空间的重要信息在低维空间展现，并指导故障检测，预知系统的状态趋势，通过采取有效的措施避免故障发生，实现对复杂工业过程的精细化、智能化管控。

（6）基于贝叶斯估计的故障诊断方法。贝叶斯估计法以贝叶斯定理为基础，利用样本数据和先验信息确定后验概率，是一种先验概率与后验概率关系的有向图解描述。基于贝叶斯估计的故障诊断就是利用故障征兆信息求得故障原因概率的过程。虽然贝叶斯估计法在复杂系统的不确定性推理和故障诊断上具有独特的优势，但由于在建立电力设备贝叶斯网络诊断模型上缺乏系统的指导方法以及开发平台，目前多数诊断实例都是建立在条件属性变量相互独立的朴素贝叶斯网之上，无法真实反映设备故障与征兆之间复杂的关系。诊断模型的结构一经确定后就是固定的静态网络。在诊断过程中，不能改变输入信息的个数和种类，模型缺乏推广性和灵活性，移植能力不强。如何建立合理的故障诊断贝叶斯网络模型是该方法应用研究的关键之所在。

（7）基于信息融合的故障诊断。基于信息融合的故障诊断过程实质上是对反映电力设备运行状态的多源信息进行获取、融合并加以综合分析判断的过程。这种故障诊断方法充分利用了电力设备运行时的各种信息，发挥了各种智能方法的优势，是电力设备故障诊断技术的发展方向。而基于证据理论的多信息融合的关键是构造基本概率分配函数，目前还没有基本概率分配的具体构造方法，其取值是大量测试后对可靠性系数的经验性取值，如何结合电力设备故障诊断特点给出客观化基本概率分配是该方法实现的关键。

（8）基于支持向量机的故障诊断。支持向量机（Support Vector Machine，SVM）是一种优秀的机器学习方法，它以统计学习理论为基础，在解决小样本、高维、非线性等问题时具有独特的优势，因此在故障诊断领域中得到广泛应用。

多年来的应用实践表明，这些新的故障诊断系统能更为准确地诊断出常见故障。如Integrated Maintenance System 应用 Intranet、Internet 及 GIS（地理信息系统）等最新的计算机技术，将状态管理、事故预警和事故处理进行有机的集成，大大改善了其设备监督管理环境，提高了监督管理水平，在欧美等国电力设备运行监控方面得到了广泛的应用。

电力设备故障诊断是以实测数据为基础，对已有的故障进行识别，判断故障的性质、部位以及原因，给出相应的检修决策建议，这对电力设备检修计划的制订具有十分重要的意义。同时，在实际生产运行中，常常需要对还没有发生故障而运行不稳定或故障征兆不明显的电力设备进行故障预测，估计其未来是否会出现故障以及出现什么故障。这也是电力部门最为关心的问题，从而提前做好各种预防性措施，保证电网长久安全稳定运行，避免直接或间接的经济损失。

1.2.2.3　故障预测技术

预测按照性质可分为定性和定量两种。定性预测是对可能出现某一事物或某一现象可能性的描述，也可以是不可能出现的事先推测，例如对天气的预测。定量预测是对预测对象属性的大小或发生某种程度的时间的一种量的推测，比如对电力负荷的预测。一般而言，对电力设备的故障预测为定量预测。电力设备故障预测是根据电力设备历史数据，通过合适的预测算法，预测出未来时刻电力设备相关状态量值，再通过相应的故障诊断方法判断其可能发生的故障，以实现故障的提前预测，指导电力设备检修工作的进行。目前已有的一些电力设备的故障预测方法如下：

（1）灰色预测。灰色预测是将系统行为特征量的变化过程看作为一个灰色过程，将已知的信息看作外部信息，未知信息则定义为灰色，意在表达未知信息并非完全不可知，可通过对已知信息数列挖掘得到系统的灰色部分。灰色系统理论对样本的分析脱离了统计角度的大样本分析，将数据按照时间顺序，利用数据累加生成累减还原方式，将无序数列变为规律性较强的指数型数列加以研究，因此灰色系统理论不是对原始数据建模，而是依靠生成数据模型。灰色预测模型的实现基于指数函数，如果待测量是以某一指数规律发展的，指数性越强，得到的预测效果越理想。该方法具有所需样本小、预测精度高、运算量小等特点，灰色预测模型适于随时间按指数规律单调增长趋势的预测，如果预测量是按指数规律变化，则预测精度较高。灰色预测模型不能反映预测对象在各个发展阶段的特征或趋势，原始数据离散程度越大，预测准确度越差。

（2）回归分析法预测。回归预测是根据历史数据的变化规律，分析历史数据的自变量与因变量之的相关关系，建立变量之间的回归方程式，确定系统的模型参数，根据系统自变量的变化预测因变量。根据相关关系中自变量的个数多少，可将回归问题分为一元回归和多元回归，按照自变量与因变量之间相关关系不同，可分为线性回归和非线性回归。回归分析法对样本的要求很高，首先需要较大的样本数量，其次样本本身要有较好的分布规律。当预测的长度大于占有的原始数据长度时，采用该方法进行预测在理论上不能保证预测结果的精度。另外，可能出现量化结果与定性分析结果不符的现象，并不是所有的大样本都能找到适合的回归方程。回归分析法一般适用于中期预测。回归分析法对近期数据的依赖性较大，不便于多因素预测，当数据是非线性的时候拟合能力会较差。回归分析法的主要特点是：①技术比较成熟，预测过程简单；②可对回归分析预测对象的影响因素独立分析，考察各因素的变化情况，从而对预测对象的未来数量状态进行估算预测。

（3）支持向量机回归预测。支持向量机回归预测方法以其小样本、非线性、全局极小值等优点已在电力负荷预测、流量预测等领域得到广泛应用。将其应用于电力设备的故障预测，关键是必须解决好对不同时间段的监测数据的权重分配问题，远近时间不同的历史数据有着不同的关联性，近期的数据比远期的数据对预测的结果影响更大。另外，不同的监测参数在故障形成阶段存在不同的关联性，如何辨识和确定不同特征参数之间的作用和相互影响是影响该方法预测准确度的关键。

（4）时间序列分析法预测。时间序列分析法的基本思想是对历史数据按时间先后进行排列，构成一个随时间变化的统计序列，通过建立相应的数据随时间变化的数学模型，找出各数据之间的内在统计特性和发展规律，并将该规律外推到未来达到预测的目的。时间序列也可以根据已知的历史数据来拟合一条曲线，通过曲线反映预测对象随时间变化的趋势，然后按照这个变化趋势，从曲线上分析估计出未来时刻的预测值。时间序列分析法有效的前提是过去的发展趋势会延续到未来，因而这种方法对短期预测效果比较好，但是不适合于作中长期预测。常用的时间序列分析法包括自回归模型（AR）、滑动平均模型（MA）、自回归滑动平均模型，该方法对数据样本要求量较大。

通常情况下，当影响预测对象变化各因素变化较平缓，即不发生突变，利用时间序列方法可以较准确地对对象进行预测；若这些因素发生突变，时间序列法的预测结果将受到一定的影响。实际问题中，多数预测的目标观测值构成的序列表现为广义平稳的随机序列或可以转化为平稳的随机序列。因此，依据这一规律建立和估计实际序列的随机过程模型，并用它进行参数值预测。

（5）基于神经网络的预测方法。神经网络可以模拟多个输入输出的任意非线性系统，具有很强的自学习和自适应能力，是一种与传统计算方法不同的信息处理工具，它能通过学习获得合适的参数，用来映射任意复杂的非线性系统，而无需建立任何物理模型和人工干预。神经网络在故障预测应用中通过以下两种方式来实现：①神经网络作函数逼近器，对系统各工况下的某些参数进行拟合预测；②用动态神经网络对过程或工况参加动态模型，进行故障预测。人工神经网络方法的优点是可以在不同程度上和层次上模仿人脑神经系统的结构及信息处理和检索等功能，对大量非结构性、非精确性规律具有极强的自适应能力，具有信息记忆、自主学习、知识推理和优化计算等特点，其自学习和自适应功能是常规算法和专家系统技术所不具备的，同时在一定程度上克服了由于随机性和非定量因素而难以用数学公式严密表达的困难。人工神经网络的缺点是要求有足够多的历史数据，样本选择困难，算法复杂，易于陷入局部极小值，硬件实现需要一定的条件。另外，该预测方法需要相当长时间的原始资料积累和模型修正，才能确定历史数据到预测值间的关系，建立起一个具有实用价值的人工神经网络预测模型。

（6）基于专家系统的预测法。专家系统预测技术相对于其他方法由于具有了预测人员丰富的经验与判断能力，即专家知识，因此在中长期预测中，能够对未来的不确定性因素、预测自身对象发展的特殊性以及各种可能引起预测对象变化的情况加以综合考虑，从而得到较好的预测结果。但是，一个实用的预测专家系统的研制需要较长时间的原始资料积累和模型修正，开发周期长；专家知识是经过大量实践而形成的，没有一个明确标准，难免会引入实际工作过程中因各种不利因素产生的偏差和错误。

（7）组合预测。组合预测是根据建模机制和出发点的不同，对同一问题采取不同的预测模型，再对这些模型预测的结果进行加权组合，互相补充，从而避免单一预测模型的不足，以达到更高的预测精度。建立适宜的组合预测模型的关键有两点：①单项预测模型的遴选，所选取单项预测模型既要符合预测量的特征和发展趋势，又要适宜于进一步组合；②组合预测建模中的组合策略，即各个单一预测模型加权系数的确定，常用的权值确定方法有均方误差倒数加权、线性加权、熵权和最优化方法等。

1.2.2.4 维修决策支持

作为状态检修技术框架的重要一环，维修决策系统的优劣直接影响到设备的利用率和企业的生产效率。基于状态监测的维修决策根据应用条件可分为两个方面内容的研究：确定离线状态监测间隔和基于故障预测信息的维修策略。确定定期监测的最优监测间隔的维修决策方法适用于设备在线监测成本高昂的场合，其作用是为设备检修提供最优离线状态检测的时间间隔；基于故障预测信息的维修策略技术研究的内容是基于在线故障诊断和故障预测信息条件下的维修策略的制定。电力设备的状态检修维修决策支持研究的内容是后者。

维修决策支持的方案设计通常从以下几个方面予以论证分析。

（1）目标，如最小化维修费用、平均系统可用度最大化等。

（2）维护方案，即执行检修的框架，如周期性维护、顺序性维护、控制限度维护等。

（3）维修效果，即表示维修将设备性能提升的程度，包括修复如新、修复非新、修复如旧等。

（4）劣化模型，即刻画了设备退化的过程，包括传统的寿命分布、Gamma 过程、Markov 过程、实时状态监测变量模型等。

（5）维护限制，如部件间的检修冲突，检修备件有限等。

目前电力设备的维修决策优化的研究根据研究目标基本上可以划分为以下三类。

1. 基于设备全寿命周期成本的状态检修

国家电网公司给出的资产全寿命周期管理的定义是：从企业的长期经济效益出发，通过一系列的技术经济组织措施，对设备的规划、设计、制造、购置、安装、调试、运行、维护、改造、更新直至报废的全过程进行全面管理，在保证电网安全效能的同时，对全过程发生的费用进行控制，使寿命周期费用最小的一种管理理念。

基于全寿命周期成本管理的设备维修决策是一种通过分析因电气设备的元件发生故障进行修理而不能正常使用和因为计划检修所造成的损失选择最优的检修方案的定量分析

方法。

2. 以可靠性为中心的状态检修

电力系统可靠性是指电力系统在一定质量标准内，按所需数量，对充裕性、安全性的量度，具体可以划分为规划可靠性和运行可靠性两类。设备状态检修主要与系统的运行有关，属于运行可靠性。

以可靠性为中心的状态检修（Reliability Centered Maintenance，RCM）最重要的特点就是依据有利于提高可靠性和经济效益两个原则选择检修方式。即它以保持系统与设备的功能为检修目的，根据设备与系统功能之间的关系，区分设备的重要程度而分别对待，根据检修效果和经济效益选择检修方式，根据系统功能的重要性来确定检修资源的分配和检修计划轻重缓急的安排。

3. 基于风险评估的状态检修

基于风险的状态检修（Risk Based Maintenance，RBM）是一种基于风险评估的系统化检修管理方法。电力系统一旦发生故障，后果可能会很严重，因此电力行业通常是把注意力放在系统的可靠性研究上，而不是过多地考虑经济性。但随着电力行业开始进入市场，引入了竞争机制，企业为了获得更多的经济收益，开始越来越关注经济成本，使得企业在考虑可靠性的同时，也要考虑经济性，导致电力状态检修从可靠性向风险研究方向过渡。

基于风险评估的状态检修综合电网和设备两个方面的需要，将二者融为一个完整的整体，在检修决策中合理地体现设备状态评估的成果。从整个电网的高度出发以电网的运行风险最小化为检修目标制定维修决策方案。

检修目标确定后，检修方案（检修计划）的制定就是一个在目标函数（如可靠性目标、经济性目标或兼顾二者）下的一个优化过程。这个过程以检修目标为对象，通过设定一些约束条件，如检修窗口约束、检修持续进行约束、协调检修约束（同时检修、互斥检修等）、检修资源约束以及电气参数越限约束等，利用优化分析计算的方法求解检修计划优化模型，从而获得一个在指定约束条件下的最佳检修计划。检修计划中所用的优化算法大致可分为数学优化方法、启发式方法和智能优化方法三类。

（1）数学优化方法。数学优化方法主要包括 0－1 整数规划、线性规划、目标规划、benders 分解等算法。数学优化方法理论上可以保证解的最优性，但是这种方法没有统一的处理办法，需要具体问题具体分析。另外，对于复杂的问题，这种纯数学方法存在着模型抽取困难、运算量大、算法难以实现的弱点。

（2）启发式方法。启发式方法是针对数学规划方法提出的。由于检修计划问题是一个组合优化问题，具有维数大、离散性和非线性的特点，启发式算法通过引入各种约束条件作为运算规则（搜索条件），而不管这些条件是否线性、是否离散，以搜索数据组合的方式寻找各种可能解，因而适于在检修问题的求解中应用。虽然这种算法不是严格的最优方法，不能保证所得解的可行性和最优性，但其具有直观、灵活、计算时间短，便于人工参与决策等特点，因此，可以根据经验和计算分析得出符合工程实际的较优解。

（3）智能优化方法。所谓智能优化算法是指通过程序来模拟自然界已知的进化方法对具体问题设计的优化计算方法。它是鉴于现代实际工程问题的复杂性、约束性、非线性、多极小、建模困难等特点，利用计算机的快速计算能力设计的适合于大规模并行且具有智能特征的算法，主要有人工神经网络、混沌、遗传算法、进化规划、模拟退火、禁忌搜索及其混合优化策略等，为解决复杂问题提供了新的思路和手段。算法的特点是理论要求弱，技术性强，速度快，应用性强。

1.3 电能计量装置的发展概述

按照 DL/T 448—2000《电能计量装置技术管理规程》的描述，电能计量装置包括各种类型电能表，计量用电压、电流互感器及其二次回路，电能计量柜（箱）等。电能计量装置中的电能表，是电力企业中用作电能计量的专用仪表，也是近年研究最多的部件。有别于其他电测仪表，电能表是《中华人民共和国计量法》规定的用于贸易结算的强制检定计量器具。随着我国电力事业的发展，电业部门本身的重要经济指标（如发电量、供电量、售电量、线损等）也日益增多，这些指标参数的测量都需要电能表完成。自从国家在城市推广普及"一户一表"政策以来，电能表的拥有量直线上升。

电能表是电能计量管理的基础。从 1889 年德国人布勒泰制作出世界上第一台无单独电流铁芯的感应电能表至今，电能表伴随着电力系统的发展已有 100 多年的历史，目前广泛应用于发电、输电、配电和用电的各个环节。

作为测量电能的专用仪表，电能表的性能直接影响到电能计量管理的质量和科学水平。感应式电能表凭借其结构简单、工作可靠、造价低廉及经久耐用等诸多特点一直被广泛应用于电能计量，但其适用频率范围窄、超差严重、功能单一以及易于被窃电等缺点也长期被诟病。时分割乘法器的发明导致了电子式电能表的出现。电子式电能表以其测量精度高、灵敏度好、功耗低、防窃电效果好、性能稳定、体积小等系列优点，逐渐形成与感应式电能表分庭抗礼之势。而随着微电子技术、计算机技术的高速发展，智能电网建设的需要以及各种电能分析计算算法的研究成果的涌现，近年来能够实现多功能计量的智能电能表越来越被用户所接受和大量使用。与传统电能表不同，智能电能表的计量主要靠软件完成，它利用数据采集系统获得的数字化的电压、电流信号，不仅能完成对电压、电流、有功功率、无功功率和功率因数等各种电参数的计量，而且能实现预付费、分时计费、双向电能计量等不同的计费模式，便于实现电能计量的自动化和网络化管理。

电能计量装置从用途上可分为供电力部门自用的电能计量装置和给普通用户使用的电能计量装置两类。电力行业从管理的角度出发，根据电能计量的重要性和电能计量点对应的变压器容量或者月用电量的大小，将运行中的电能计量装置分为五类：

Ⅰ类：月平均用电量 500 万 kW 及以上或受电变压器容量为 10MVA 以上的高压计费用户，200MW 及以上的发电机（发电量）、跨省（市）高压电网经营企业之间的互馈电量交换点，省级电网经营与市（县）供电企业的供电关口计电量点的计量装置。

Ⅱ类：月平均用电量 100 万 kW 及以上或受电变压器容量为 2MVA 及以上高压计费用户，100MW 及以上发电机（发电量）供电企业之间的电量交换点的计量装置。

Ⅲ类：月平均用电量 10 万 kW 及以上或受电变压器容量 315kVA 及以上高压计费用户，100MW 以上发电机（发电量）、发电厂（大型变电所）厂用电（所用电）和供电企业内部用于承包考核的计量点，考核有功电量平衡的 100kV 及以上送电线路的计量装置。

Ⅳ类：用电负荷容量为 315kVA 以下的计费用户，发供电企业内部经济指标分析、考核用的计量装置。

Ⅴ类：单相供电的电力用户计费用的计量装置（住宅小区照明用电）。

我国目前高压输电的电压等级分为 500（330）kV、220kV 和 110kV。配置给大用户的电压等级为 110kV、35kV、10kV，配置给广大中小用户（居民照明）的电压为三相四线 380V、220V，独户居民照明用电为单相 220V。

按计量方式划分，供电局对各种用户的电能计量有三种方式。

1. 高压供电、高压侧计量（简称高供高计）

这种计量方式是针对 10kV/630kVA 受电变压器及以上的大用户设计的一种在高压侧计量电能的计量方式。其计量方法是将一次侧的高电压和大电流经电压互感器（PT）和电流互感器（CT）转换成二次侧的低电压和小电流，再通过电能计量装置计量其行度值。实际用电量是通过将行度值乘以高压 PT、CT 的倍率计算获得。这种计量方式的电表的基本接入参数为：额定电压：3×100V（三相三线三元件）或 3×100/57.7V（三相四线三元件）；额定电流：1（2）A、1.5（6）A、3（6）A。

高供高计计量方式的优点是减少计量管理工作量，最大限度满足计量要求，可控性大，可以有效地防止用户窃电。但是这种方式也存在着应用的局限性。

（1）对需要分类计费电价的负荷，由于用电性质和用电类别存在着电价差别，必须将不同类别的负荷分别装表才能准确计算电费，因此，这种计量方式应用的性价比不高。

（2）由于 CT 的一次电流应满足额定电流的 20%～110%，对于 T 接着用电类别各异、负荷的季节性变化较大的农村高压线路，以及昼夜负荷波动大、用电负荷很不均衡的非连续性生产企业用户，CT 与实际用电负荷匹配难以满足计量要求，因此，不宜采用高供高计的计量方式。

（3）对于控制室与开关室距离远以及高压计量箱安装于户外的场合，因电线过长、截面小、中间接头多、接触电阻大以及外界环境温度的影响等原因，会出现 PT 二次压降超标（Ⅰ类、Ⅱ类电能表二次压降不得大于 0.25%，其他电能表二次压降不得大于 0.5% 的允许值）或者 PT 二次负载超过其额定容量的情况，也不建议选用高供高计方式。

国家电网针对高压供电计量方式做出了明确规定：315kVA 及以上专变用户采用高供高计，315kVA 以下用户采用高供低计。南方电网虽然没有明确提出高供高计以及高供低计的使用范围，但是大部分地区与国家电网一致，少数几个地区根据自己的实际情况有所调整。

2. 高压供电、低压侧计量（简称高供低计）

高供低计是指由高压供电的有专用配电变压器的大用户，其电能计量装置安装在用户电力变压器的低压侧，须经低压电流互感器（CT）实现电能计量的计量方式。电表额定电压 3×380V（三相三线二元件）或 3×380/220V（三相四线三元件）。额定电流 1.5（6）A、3（6）A、2.5（10）A。计算用电量须乘以低压 CT 倍率。

相较于高供高计，这种计量方式的特点是电力变压器的损耗在计量装置的前面，未包含在计量数据内。在高压供电系统中，一般情况下，当变压器总容量在 315kVA 以上，或同时有两台及以上的变压器，采用高供高计；其他均采用高供低计。高供低计时变压器损耗由电力局按容量算，且单位电价不同。

3. 低压供电、低压计量（简称低供低计）

低供低计是指城乡普遍使用的在低压侧直接通过电能表计量电能的计量方式，适用于所有经 10kV 公用配电变压器供电的用户。电表额定电压 220V（居民用电，单相），3×380V/220V（居民小区及中小动力和较大照明用电）。额定电流 5(20)A、5(30)A、10(40)A、15(60)A、20(80)A 和 30(100)A。用电量直接从电表内读出。一般而言，100kVA 及以下容量的 10kV 受电变压器采用低供低计方式。

为实现电能的准确计量，计量方式需要根据电力系统主接线的运行方式合理选择配置。例如，为了提高供电可靠性，城乡普遍使用的 10kV 配电系统，是采用中心点不接地运行方式，三相电能计量应选择采用两表法的三相三线制电能计量方式；为了节约投资和金属材料，我国 500kV、220kV 的跨省（市）高压输电系统目前普遍使用自耦式降压变压器，是中心点直接接地运行方式，对应地需采用三表法的三相四线制电能计量方式；城乡普遍使用的低压电网是带有零线的三相四线制给单相负载和三相负载同时供电，电能计量在配置单相电能表的同时，还应配安装三表法的三相电能计量装置以防止漏计。

随着智能电网建设的发展，电能计量也迈入了智能化时代。智能电网是以包括各种发电设备、输配电网络、用电设备和储能设备的物理电网为基础，将现代先进的传感测量技术、网络技术、通信技术、计算技术、自动化与智能控制技术等与物理电网高度集成而形成的新型电网，它能够实现可观测（能够监测电网所有设备的状态）、可控制（能够控制电网所有设备的状态）、完全自动化（可自适应并实现自愈）和系统综合优化平衡（发电、输配电和用电之间的优化平衡），从而使电力系统更加清洁、高效、安全、可靠。

智能电网主要由高级计量体系 AMI（Advanced Metering Infrastructure）、高级配电运行体系 ADO（Advanced Distribution Operation）、高级输电运行体系 ATO（Advanced Transmission Operation）和高级资产管理体系 AAM（Advanced Asset Management）四部分构成。图 1.1 描述了各部分的技术组成与相互关系。

由图 1.1 可见，高级计量体系 AMI 是智能电网实现的基础，其主要作用是授权给用户，使系统同负荷建立起联系，并让用户能支持电网的运行。AMI 是由众多技术和应用集成的解决方案，其技术和功能主要包括以下几方面：

（1）智能电表。它是应用计算机技术、通信技术等，形成以智能芯片（如 CPU）为核心，具有电功率计量计时、计费、与上位机通信、用电管理等功能的电能表，可以定时或即时获取用户带有时标的分时段或实时的多种计量值，如电压、电流、用电量、用电功率等。

（2）通信网络。采取固定的双向通信网络，能把表计信息（包括故障报警和装置干扰报警）接近实时地从电表传输到数据中心，是全部高级应用的基础。

（3）计量数据管理系统（MDMS）。这是一个带有分析工具的数据库，通过与 AMI 自动数据收集系统的配合使用，处理和存储电表的计量值。

（4）用户室内网（HAN）。通过网关或用户入口把智能电表和用户内可控电器或装置（如可编程的温控器）连接起来，使得用户能根据电力公司的需要，积极参与需求响应或

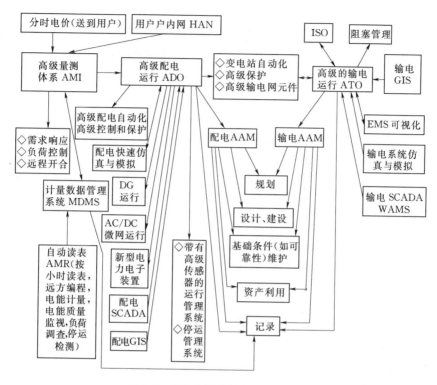

图 1.1 智能电网的技术组成与功能

电力市场。

（5）提供用户服务（如分时和实时电价等）。

（6）提供远程接通和断开。

因此，作为高级计量体系的一个基本组成部分，电能计量在智能电网的建设中起着非常重大的作用。而电能计量技术及装置的发展在这一过程中必然是与时俱进的，基于AMI的电能计量自动化体系的应用研究已成为电能计量技术研究的热点。

未来的电能计量系统及装置除了电能计量功能外，还将具有谐波电能计量、冲击负荷计量、变压器损耗计量、线路损耗分析与计量、电能质量分析与计量、功率越限报警、负荷预测与控制、电能质量事件记录、三相不平衡度测量、中性点电流测量、功率（包括有功、无功和视在功率）的动态平衡实时统计与分析、费率时段的同步、主—副表的实时对比、电能表远程校准等系列功能。作为基本的电能计量单元的智能电能表，也将在一个统一的国家（或国际）制造标准的规范和要求下，实现电能计量在功能、费率、验收条件、检测技术指标、通信协议、生产和安装、检定和售后服务等方面满足智能电网环境下的电能计量的自动化和网络化管理。

1.4　电能计量装置状态监测技术发展现状

随着电力市场化进程的不断推进，电能计量装置已成为电力市场技术支持系统中不可缺少的基础设备，尤其在电力市场商务过程中，受到各市场主体的普遍关注，用户对电能计量装置的准确性和可靠性提出了越来越高的要求。电能计量装置状态在线监测系统有力地保证了发电、供电、用电单位之间电量交易的准确性和可靠性。尤其是随着电力企业体制改革的逐步深入，对经济效益的考核日趋重要，为了保障关口/大用户电能计量的精确性和公正性，其中重要的一环就是要加强对关口/大用户电能计量装置的监督管理工作。目前对现场运行的关口/大用户电能装置的检测手段主要通过周期检验。电能表校验为每季度一次，互感器校验为每 10 年一次，而且经常因为无法停电，导致无法进行校验，二次压降测试为每 2 年一次。同时现场检验的数据存在一定的片面性，如电能表现场检验采用实际负荷检验，依赖于检测时刻的负荷状况，测试数据不能完全反应电能表在一段时间内，不同功率因数、不同功率状况下的误差变化情况，不利于对电能表现场运行情况进行综合分析。同时，运行中的电能计量装置现场周期检验间隔时段，无法实现对其的误差检测，在周期检测之间出现的电能计量问题不能及时被发现，一旦出现问题将对企业造成直接和间接的影响。我国目前执行的大多是定期维修制，一般都要求"到期必修"，没有充分考虑设备实际状态如何，以致超量维修，造成了人力及物力的大量浪费。为解决此问题，提出了从"定期校验"到"状态校验检修"的模式转变。状态校验检修的基础就是在线监测和故障诊断技术，既要通过各种监测手段来正确诊断被试设备的目前状况，又要根据其本身特点及变化趋势来确定能否继续运行或停电校验与检修。

对电能计量装置的管理，由于受到经济、设备、技术条件的约束，存在的问题如下：

(1) 周期检验效果不理想，不能及时发现检验时间之外的电能计量问题。

(2) 故障处理周期长。

(3) 对于电气设备检修策略，主要采用以时间为标准的定期维修，存在"维修过剩"和"维修不足"的费用和装置的可靠性下降的问题。

(4) 电能表周期检定中危险因素多，危险性大。

(5) 运行档案管理效率低下，用纸质文档或文本文件记录、整理工作量大，共享性差，查阅不方便。

国内外近年来开展了基于信息与网络技术的电能计量装置故障诊断与分析的在线状态监测技术研究，其基本思路是根据电能计量装置的工作特性和结构特点，利用在线监测技术中的相关理论和方法，通过借鉴创新的手段有针对性地对电能计量装置的运行特性进行分析判断，从而实现对电能计量装置的状态监测。

电能计量装置状态监测系统是由数据采集与处理、数据库管理、状态监测与报警、通信、数据分析系统等部分构成的一体化远程监测系统，它的监测范围包括电能表、电流互感器、电压互感器及其整个二次回路，以及影响电能计量准确性的一切可能因素。

电能计量装置状态监测系统的研究开发主要有以下两种方法：

(1) 利用在线监测数据实现对电能计量装置系统的状态评估。其基本方法是将本章的1.2 中介绍的设备状态监测和诊断技术应用于电能计量装置中，根据实时采集数据，利用数据分析技术和状态评估方法对电能计量装置的运行状态进行评估。如青海省电力公司开发的由现场监测设备、通信网络和后台管理中心构成的计量装置远程校验监测系统，通过对电能计量装置在运行中各参数的全方位在线测试，具有对各个监测数据进行统计、分析，自动生成数据报表、分析曲线及报警事件等功能，实现了对装置的故障判断、记录分析和本地/远程诊断。

（2）利用在线监测数据和离线检测数据综合分析评估的方法实现对电能计量装置的监测评估。其基本原理是根据设备的运行工况、预试状态、检修、家族质量史、在线监测等状态信息，通过对设备状态进行评分的方法实现对设备运行状态的评估。如北京市草桥220kV变电站利用电力设备健康状态评估系统技术，通过预防性试验结果、在线监测结果、预防性试验结果的周期内的变化趋势对电流互感器进行全面的健康评估。

总体而言，虽然在电能计量装置状态监测技术的应用研究方面有了一些初步的研究成果，但尚待研究的内容很多，重点是将已经在其他领域成熟应用的方法和技术移植到电能计量装置的状态监测中。

第2章

电能计量装置系统

加强用电管理,实现公平用电、优质供电是电网建设的基本出发点和重要基础。电网规模的不断扩大,供电可靠性要求的不断提高,以及用户服务需求的不断增加使电力行业面临越来越大的挑战。智能电网的出现为这些问题的解决给出了一套全新的解决方案。作为高速发展的信息技术的产物,智能电网对于提高电力生产各环节的数字化程度、信息集成水平和智能分析能力,提升电力企业的生产、经营和管理水平,确保电网的安稳运行具有巨大的促进作用。而其中的高级计量体系(AMI)则为供用电过程实现信息化、数字化、自动化、互动化提供了坚实的技术基础,基于 AMI 的电能计量自动化系统建设已成为智能电网发展的必然趋势。智能电网中很多智能化功能都是由 AMI 实施和完成的。

电能计量自动化技术是新兴的、先进的计量技术,融合了当今先进的电子技术、计算机技术和通信技术,并随着硬件和软件的不断发展而更新。随着数字通信、计算机技术在电力营销、电能计量领域的广泛应用,根据智能电网下信息化的技术要求,对现有用电信息管理系统以及系统内的负荷管理终端通过适当的技术改造升级,为智能电网提供信息支持,对推进智能电网建设快速、健康地发展具有重大意义。本章将在介绍计量自动化系统的基本体系结构的基础上,对影响电能计量的各单元进行详细分析。

2.1 基于 AMI 的计量自动化系统

2.1.1 AMI 概述

作为智能电网中最重要的技术支撑模块,AMI 在智能电网中担当着举足轻重的角色。AMI 是智能电网的一个基础性功能模块,是实现智能电网的四个主要里程碑中的第一个,是整个智能电网建设的基础和核心之一。AMI 是基于开放式双向通信平台,结合用电计量技术,以一定的方式采集并管理电网数据,最终达到智能用电目标的网络体系结构。AMI 为满足智能电网的互动性提供了框架性基础,是向整个电网智能化的过渡。

AMI 是一个用来测量、收集、储存、分析和运用用户信息的完整的网络和系统,并具备为公共事业单位、客户、零售商等其他机构收集传递数据信息的功能。在 AMI 的基础上,根据各个层面的管理需要,在电厂、变电站、专用变压器大客户、公用变压器和低压客户等环节均设立计量点,安装配套智能计量设备等,然后建立各层的系统,最后将所有系统进行整合集成即构成了电能计量自动化系统。

在用户层面上,AMI 能够使电力企业单位和用户之间实现智能通信,智能表计将用户用电情况传递给本地用户和电力公司,用户可以及时了解当前的耗能情况,而电力公司提供的实时电价信息则有利于本地负荷控制设备调节耗电量，高级用户还可以根据电价信息布置分布式能源。AMI 不仅为用户提供决策所需的信息，还提供执行决策所需要的其他一系列可选功能。

在电力公司层面上，电力公司利用 AMI 的历史数据和实时数据来帮助优化电网运行，更精细地维持电网高效、稳定地运行，更好地进行资产管理，降低成本，从而更好地为用户服务。

AMI 提供了一个必要的纽带来联系电网、用户及其负荷、发电和存储装置。这些联系是实现智能电网的基本要求。AMI 对智能电网的支持作用主要有：

（1）AMI 增强了用户参与电网的主动性和积极性。

（2）通过 AMI 技术实现监视和控制用户周边的分布式发电和储能装置。

（3）通过 AMI 技术联系用户和电网，增加市场的活跃性，用户主动参与电网，根据价格信息调整负荷或将能源输送给电网。

（4）AMI 智能电表装备电能质量监测模块能快速测量、诊断、调整电能质量。

（5）AMI 能实现分布式的电网运行模型，从而减少外界对电网攻击的影响。

（6）AMI 通过快速而精确的辅助停电管理系统以及故障定位系统来实现电网自愈，同时，AMI 能提供一个广域的分布式通信体系来加速高级配电运行的应用。

（7）AMI 提供了精细和及时的数据信息，有利于更好的改进资产管理和电网运行。

AMI 技术的应用为电力负荷管理和电能计量技术向更高层次发展提供了有力支持，如电力营销需求侧管理、系统运行监控的实时性、通信组网技术的多样化、故障诊断与维护自动化等，通过 AMI 技术的应用都将得以实现。

2.1.2 基于 AMI 的计量自动化系统体系结构

基于高级计量体系的计量自动化系统由计量自动化主站系统、数据通信系统以及计量用电表和智能终端三个部分组成，其结构层次如图 2.1 所示。

主站计算机系统由前置采集层、数据交换处理层、业务处理层和综合应用层组成。前置采集层是主站系统的数据入口，负责主站与通信网络的接入，同时对终端数据进行采集和数据预处理，以供应主站系统上层使用。数据交换处理层包括了业务数据处理和综合数据处理，同时还有外部数据交换接口。业务数据处理和综合数据处理均向业务处理层提供服务和支持。外部数据接口则提供了智能计量自动化系统和外部系统，如电力营销系统、SCADA监控系统、GIS 系统等接口，与整个系统与电力行业信息网络的互联提供支持，同时也为智能电网的下一步发展预留扩展区。业务处理层包含了厂站计量遥测、大客户负荷管理、公用变压器计时、低压集抄等部分，在数据交换处理层提供的基本数据处理组件基础上，根据业务规则完成系统实际业务的处理工作，以实现系统的实际功能。综合应用层则是由线损分析、电能质量分析、错峰管理、需求侧管理、用户用电分析与节能评估等高级应用功能组成。

通信层由电力通信网络和公用通信网络组成。电力通信网络主要有电力线宽带、电力载波、电力专线电话、光纤等网络，公用通信网络主要有公用以太网、GPRS、CDMA 等网络。其作用是提供远方用电单元的用电信息到电力公司 AMI 前端设备的信息通道，用来支持电力企业、用户与受控负荷之间连续互动的通信要求，同时，也是智能配电网远程操控的通信网络。

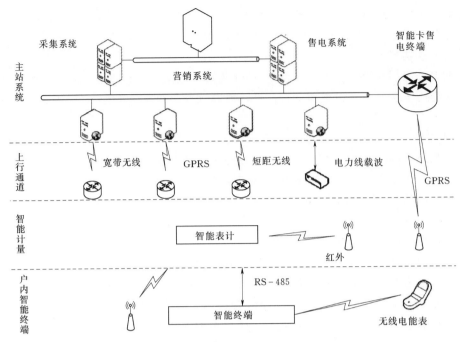

图 2.1　电能计量自动化系统结构层次图

计量用电表和智能终端是远方用电现场的电能计量终端设备,包括厂站电能计量终端和用户电能计量终端两部分。厂站部分由发电厂、变电站组成,安装的智能表计将采集的数据传送给厂站终端,终端设备通过电力通信网络上传至主站系统,主站系统相应功能模块对获取的数据进行相关处理,完成发电厂、变电站的电能计量,实现对供电方的电能计量工作。由大客户和低压用户以及配套的变压设施组成的用电方,数据以同样的方式上传,最终完成大客户负荷管理、低压用户集中抄表的功能,其数据传输采用的信道是公用通信网络,如 GPRS、CDMA 等通信网络。

由图 2.1 可见,电能计量自动化装置是一个复杂的系统,其在运行中包含的部件甚多,任何一部分的运行状态都会影响到装置的整体性能。从计量准确性的角度出发研究其状态校验检修技术,必须对各组成部分的工作特性、运行故障的影响及其状态特征量进行分析。以下几节将按照数据采集系统、数据处理系统(智能电能表)、数据通信系统以及计量自动化主站系统等单元予以叙述。

2.2　数据采集系统

数据采集系统是计量自动化系统的最底层的基本单元。它包括电流/电压互感器(传感器)、中间变换器以及构成检测回路的二次连接线等部分,即电力系统的二次回路(二次接线)部分。其作用是将高压、大电流转换成能被智能电表接受的电压信号。

2.2.1　电磁式互感器

互感器是将电网高电压、大电流的信息转换成低电压、小电流信号,供安装在二次侧的计量与检测仪表、继电保护及自动装置使用的一种特殊变换器,是一次系统和二次系统的联络元件。互感器按其用途和性能特点分类，可分为测量用互感器和保护用互感器；按变换原理来分类，一般将其分为电磁式互感器和电子式互感器两类。

电磁式互感器是指基于变压器原理的电磁感应型互感器。它通过一次绕组和二次绕组之间的电磁耦合作用，将高电压或大电流按比例变换成标准低电压（如 100V）或标准小电流（如 1A），其一次绕组接入电网，二次绕组分别与测量仪表、保护装置等互相连接。

1. 电磁式电流互感器

电磁式电流互感器是利用变压器原、副边电流成比例关系的特点制成。其工作原理、等值电路也与一般变压器相同，只是其原边绕组是串联在被测电路中的，且匝数很少；副边绕组接电流表、继电器电流线圈等低阻抗负载，近似短路。电流互感器的额定输出电流为 5A 或 1A。由于副边接近于短路，所以原、副边电压和励磁电流均很小。电流互感器运行时，副边不允许开路，因此，电流互感器副边回路中不许接熔断器，也不允许在运行时未经旁路就拆下电流表、继电器等设备，以避免在副边产生危及人身和设备安全的高电压。电流互感器最常用的接线方式为单相、三相星形和不完全星形，依其所接负载的运行要求确定。其工作原理如图 2.2 所示，若其一次绕组匝数为 N_1，二次绕组匝数为 N_2。理想情况下，一次绕组匝数与二次绕组匝数之反比就是电流互感器的额定变比，即：

$$K_L = \frac{\dot{I}_1}{\dot{I}_2} = \frac{N_2}{N_2} \qquad (2.1)$$

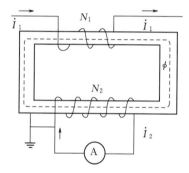

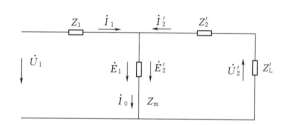

图 2.2 电流互感器工作原理图   图 2.3 电流互感器等效电路图

图 2.3 为电流互感器工作的等效电路图，由互感器的折算关系及图 2.3 可获得如下一组方程：

$$\left. \begin{array}{l} \dot{U}_1 = \dot{I}_1 Z_1 + \dot{E}_1 \\ \dot{I}_0 = \dot{E}_1 / Z_m \\ \dot{I}_0 = \dot{I}_1 + \dot{I}_2' \\ \dot{U}_2' = \dot{I}_2' Z_L' \\ \dot{E}_2' = -(\dot{U}_2' + \dot{I}_2' Z_2') \\ \dot{E}_2' = \frac{1}{K_L} \dot{E}_2 = \frac{N_1}{N_2} \dot{E}_2 \\ \dot{I}_2' = K_L \dot{I}_2 = \frac{N_2}{N_1} \dot{I}_2 \\ Z_L' = \left(\frac{N_1}{N_2} \right)^2 Z_L \\ \dot{E}_1 = \dot{E}_2' \end{array} \right\} \qquad (2.2)$$

式中　　$\dot{E}_1$、$\dot{E}_2$——原、副边绕组的感应电动势；

Z_1、Z_2、Z_m、Z_L——原、副边绕组和激磁绕组的等效阻抗；

$\dot{U}_1$、$\dot{U}_2$——原、副边端口输出电压；

$\dot{I}_1$、$\dot{I}_2$、$\dot{I}_0$——原、副边流过的电流和激磁电流；

上标"$'$"——由副边折算到原边的等效参数。

由式（2.2），根据误差的定义。可计算其复合误差为：

$$\tilde{\varepsilon}=\frac{-K_1\dot{I}_2-\dot{I}_1}{\dot{I}_1}\times100\%=-\frac{Z_2'+Z_L'}{Z_m+Z_2'+Z_L'}\times100\%=-\frac{Z_2+Z_L}{Z_m'+Z_2+Z_L}\times100\%\quad(2.3)$$

励磁阻抗为

$$Z_m'=\text{j}\frac{4.44\sqrt{2}fN_2^2\tilde{\mu}SK\times10^{-8}}{l}$$

式中　$\tilde{\mu}$——磁性材料的复合磁导率；

　　　S——磁性材料的截面积；

　　　K——叠片系数；

　　　l——磁路长度。

其中：

$$\tilde{\mu}=\frac{\dot{B}_m}{\dot{H}}=\mu\angle-\psi\quad[\text{Gs}/(\text{A}\cdot\text{cm})]$$

$$\dot{B}_m=\text{j}\frac{\dot{E}_2\times10^8}{4.44fN_2SK}\quad(\text{Gs})$$

图 2.4 为电流互感器中各电流、电压参数的相量图。根据式（2.3）和图 2.4，结合磁性材料的磁特性分析，可得出电流互感器在工作时的误差特性如下：

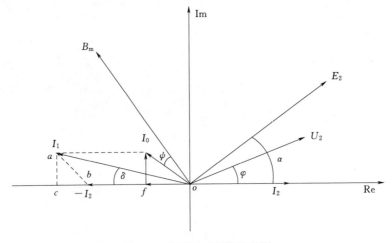

图 2.4　电流互感器的相量图

（1）二次负荷的影响。由式（2.3）可见，二次负荷增大将直接使传变误差增大，因此二次负荷的值必须在规定的范围内。

（2）被测电流变化的影响。由于铁芯的磁导率 μ 和损耗角 ψ 都不是常数，在电流互感器正常运行范围内，随着电流的增大，铁芯磁密增大，磁导率和损耗角也增大。因此，当电流增大时，电流互感器的误差将变小，且比差变化快，角差变化慢。

（3）绕组匝数对误差的影响。式（2.3）显示误差与二次绕组的匝数的平方成反比。实际中绕组匝数增加，二次绕组内阻抗增大，铁芯的磁导率下降，在一定程度上限制了误差的减小，但增加匝数对于误差的降低仍然非常有效，且比差的减少高于角差的减小。

（4）铁芯材料对误差的影响。选择高性能铁磁材料很重要。CT 材料以铁镍合金的磁性能最好，冷轧硅钢片次之。

（5）电源频率对误差的影响似乎成反比，实际上频率增大，磁密成反比下降，磁导率下降，且二次绕组漏抗增大，因此电源频率在一定范围内变化时，对电流互感器的影响很小。一般用于 50Hz 的电流互感器，只要误差留有一定的裕度，在 $40\sim60\text{Hz}$ 频率范围对测量影响甚微。

（6）平均磁路长度 l 与误差成正比，因此越短越好，只要满足导线要求即可。另外，铁芯截面对误差的影响并非如式（2.3）中所示成反比关系，因为伴随铁芯截面的增大，铁芯的磁导率下降，铁芯的平均磁路长度增大，二次绕组的内阻抗增大，因此若是一味地增加铁芯截面积反而适得其反，误差会增大。另外，铁芯截面的形状也影响互感器的误差，相同截面下，铁芯越厚，平均磁路长度越短，而铁芯截面厚度与宽度相同时，每匝线圈所用的铜线最短，内阻也最小。

2. 电磁式电压互感器

电磁式电压互感器的工作原理与变压器相同，基本结构也是铁芯和原、副绕组。其主要区别在于电压互感器的容量很小，通常只有几十伏安到几百伏安。电压互感器的工作特点是负载比较恒定，正常运行时接近于空载状态。由于其本身的阻抗很小，一旦副边发生短路，电流将急剧增长而烧毁线圈，故二次侧不允许短路，并由此要求在电压互感器的原边串接熔断器，副边必须可靠接地，以免原、副绝缘损毁时，副边出现对地高电位造成人身安全和设备损坏事故。

测量用电压互感器一般都做成单相双绕组结构，其原边电压为被测电压（如电力系统的线电压），可以单相使用，也可以用两台接成 V/V 形作为三相电压测量用。其工作原理如图 2.5 所示，设一次绕组匝数为 N_1，二次绕组匝数为 N_2。在理想情况下，一次绕组匝数与二次绕组匝数之比就是电压互感器的额定变比 K_U，即：

$$K_\text{U}=\frac{\dot{U}_1}{\dot{U}_2}=\frac{N_1}{N_2} \tag{2.4}$$

实际工作时，由于受互感器固有内阻抗、励磁电流和损耗以及所接负载等因素的影响，式（2.4）是不可能满足的，传变过程将引入比值误差（比差，常用 f 表示）和相位误差（角差，常用 δ 表示）。

图 2.6 所示为电压互感器等效电路，由互感器的原副方之间的折算关系及图 2.6 可得出如下一组方程：

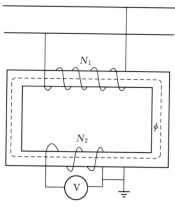

图 2.5　电压互感器工作原理图

23

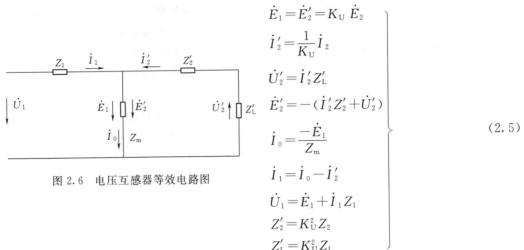

图 2.6 电压互感器等效电路图

$$\left.\begin{aligned}
\dot{E}_1 &= \dot{E}_2' = K_U\,\dot{E}_2 \\
\dot{I}_2' &= \frac{1}{K_U}\dot{I}_2 \\
\dot{U}_2' &= \dot{I}_2' Z_L' \\
\dot{E}_2' &= -(\dot{I}_2' Z_2' + \dot{U}_2') \\
\dot{I}_0 &= \frac{-\dot{E}_1}{Z_m} \\
\dot{I}_1 &= \dot{I}_0 - \dot{I}_2' \\
\dot{U}_1 &= \dot{E}_1 + \dot{I}_1 Z_1 \\
Z_2' &= K_U^2 Z_2 \\
Z_L' &= K_U^2 Z_L
\end{aligned}\right\} \tag{2.5}$$

式中　　$\dot{E}_1$、$\dot{E}_2$——原、副边绕组的感应电动势；

Z_1、Z_2、Z_m、Z_L——原、副边绕组和激磁绕组的等效阻抗；

$\dot{U}_1$、$\dot{U}_2$——原、副边端口输出电压；

$\dot{I}_1$、$\dot{I}_2$、$\dot{I}_0$——原、副边流过的电流和激磁电流；

上标"$'$"——由副边等效折算到原边的参数。

电压互感器的误差计算公式为：

$$\tilde{\varepsilon} = f + j\delta = \frac{-K_U\dot{U}_2 - \dot{U}_1}{\dot{U}_1} \times 100\% = -\frac{\Delta\dot{U}_1}{\dot{U}_1} \times 100\% \tag{2.6}$$

则由式（2.5）和式（2.6）计算可得电压互感器的误差为：

$$\tilde{\varepsilon} = -\frac{\dot{I}_0 Z_1 - \dot{I}_2'(Z_1 + Z_2')}{\dot{U}_1}$$

$$\approx -\left(\frac{Z_1}{Z_m} + \frac{Z_1' + Z_2}{Z_L}\right) \times 100\% = \tilde{\varepsilon}_k + \tilde{\varepsilon}_f \tag{2.7}$$

式（2.7）中第一项为空载电流压降造成的误差，叫做空载误差 ε_k；第二项为二次侧负荷带来的误差，叫做负载误差 ε_f。其中：Z_1' 为 Z_1 折算到副边的等效阻抗，即：

$$\tilde{\varepsilon}_K = -\frac{\dot{I}_0 Z_1}{\dot{U}_1} \approx -\frac{Z_1}{Z_m} \times 100\% \tag{2.8}$$

$$\tilde{\varepsilon}_f = \frac{\dot{I}_2'(Z_1 + Z_2')}{\dot{U}_1} = -\frac{Z_1' + Z_2}{Z_L} \times 100\% \tag{2.9}$$

根据磁性材料的特性，利用式（2.7）～式（2.9）分析各种参数对电压互感器误差的影响，可以得到如下几点结论：

（1）二次侧负载变化的影响。二次侧负载阻抗的大小与负载误差成反比，二次负荷功率因数，即二次负荷的阻抗角，只影响负载误差的相位。

（2）被测电压变化的影响。由于磁导率和损耗角均不为常数，随着电压的增大，铁芯磁密增大,磁导率和损耗角先增大然后减小,即 I_0/U_1 随着电压的增大先减小且超前,然后增大且滞后,因此空载比差和角差随着电压的增大先减小,然后增大。

(3)线圈匝数对误差的影响。当匝数增大时,空载电流 I_0 减小。虽然一次绕组和二次绕组的内阻抗增大了,但由于漏抗的增大,因而对空载误差的影响不大。而由(2.6)式可见,匝数增加将导致负载误差显著增大,进而引致互感器误差的增大,故匝数少为宜。

(4)铁芯材料和磁密对误差的影响。磁导率越高,空载误差越小,但铁芯的饱和磁密越高,在相同的截面下,线圈的匝数越少,故应选择磁导率和饱和磁密均高的材料最好。由于冷轧硅钢片的饱和磁密比铁镍合金高一倍,故电压互感器的铁磁材料选用冷轧硅钢片更好。

(5)平均磁路长度 l 与误差成正比,因此磁路越短越好,只要满足导线要求即可。

(6)电源频率的影响主要是引起铁芯饱和或漏抗、漏电容增大,对负载误差影响较大,因此工程上一般以频率变化范围不超过 $\pm5\%$ 为宜。

对没有采取补偿措施的电压互感器,一般其比差为负,角差为正值,比差的绝对值和角差均随电压的增大而减小。铁芯饱和时,比差与角差均随电压的增大而增大。对于没有采取补偿措施的电流互感器,比差为负值,角差为正值,比差的绝对值和角差均随电流增大而减小。采用补偿的办法可以减小互感器的误差,一般通过在互感器上加绕附加绕组或增添附加铁芯,以及接入相应的电阻、电感、电容元件来补偿。常用的补偿法有匝数补偿、分数匝补偿、小铁芯补偿、并联电容补偿等。

2.2.2 电子式互感器

电磁式互感器存在因电压等级的提高导致体积增大、重量加重、造价升高的问题,因操作失误导致系统工作不正常的危险(如 TA 输出端开路会出现高电压,TV 端出现短路会产生过电流等),还容易受铁磁谐振的影响,在故障状态下出现易饱和等问题,已越来越难以满足现代电力系统生产发展的需要。电子式互感器以其绝缘结构简单、频带宽,不存在铁磁共振影响,无输出端开路或短路的危险,体积小、重量轻,抗电磁干扰能力强,可以实现数字量输出、电流和电压的组合测量,以及易与智能电网各种设备相连等系列优点,已成为电流和电压测量的重要组成部分。

1. 电子式电流互感器

根据 IEC 和 GB/T 标准,电子式电流互感器分为全光学电流互感器、空心绕组电流互感器和铁芯绕组式低功率电流互感器等三类,其中,全光学电流互感器也称为无源电子式电流互感器,空心绕组电流互感器和铁芯绕组式低功率电流互感器属于有源电子式电流互感器。

(1)全光学电流互感器。它是指利用法拉第磁光效应、磁致伸缩效应或克尔效应等磁致光参数变化原理而设计的电流传感器。其特点在于电流传感部分全部采用光学玻璃、全光纤等构成,对电流的测量是通过对输入光信号在被测电流产生的磁场中受调制后的输出光信号的检测实现的。依被测电流调制的光波物理特征,可将光波调制分为强度调制、波长调制、相位调制和偏振调制等。基于对法拉第效应的电子式电流互感器研究最多,以下将以该原理的电子式互感器为例分析这类电子式电流互感器的基本特性。

法拉第磁光效应是指当线偏振光通过处于外磁场中的透明媒质，而且光的传播方向与外磁场方向一致时，线偏振光的偏振面将会发生旋转的一种物理现象。线偏振光的旋转角正比于外磁场沿传播路径的线积分：

$$\theta = V\int_L \vec{H} \cdot \mathrm{d}\vec{l} \tag{2.10}$$

式中　V——透明介质的磁光旋转率，即 Verdet 常数；

　　　θ——偏振面旋转的角度；

　　　l——光通过的路径；

　　　$\vec{H}$——被测电流在 $\mathrm{d}\vec{l}$ 处产生的磁场强度；

　　　L——光线在材料中通过的路程。

若光路设计为闭合回路，由全电流定理可得：

$$\theta = V\oint_L \vec{H} \cdot \mathrm{d}\vec{l} = Vi(t) \tag{2.11}$$

利用法拉第磁光效应设计的电子式电流互感器的实现方框图如图 2.7 所示（全光纤型 OCT 起偏器和检偏器则分别位于光源之后和光电转换器件之前）。

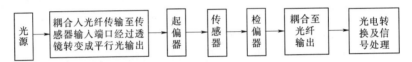

图 2.7　基于法拉第磁光效应电子式电流互感器实现方框图

这种电流互感器的基本工作过程是：由光源出射的光经过起偏器后变为线偏振光，线偏振光在光学传感头中因法拉第磁光效应因电流产生的磁场作用而发生偏转面的旋转，从而导致经检偏器输出后各光路的光强发生变化，通过检测该强度的变化，即可计算出实际电流的大小。

基于法拉第效应的传感头可归纳为三种类型，即电—光混合（集磁器）型探头、环形全光学玻璃探头和全光纤式探头，如图 2.8 所示。

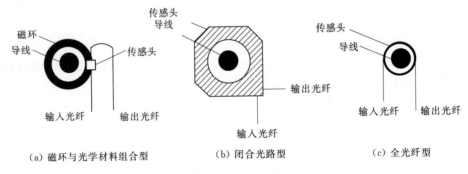

（a）磁环与光学材料组合型　　　　（b）闭合光路型　　　　（c）全光纤型

图 2.8　光学电流传感器结构示意图

传感器将经被测电流调制后的光信号输出至低压端后，经光电转换电路转换成与被测电流成正比的电压信号后，通过后续的信号处理电路获得被测电流的幅值和相位大小。图 2.9 所示是最常用的一种信号处理电路。

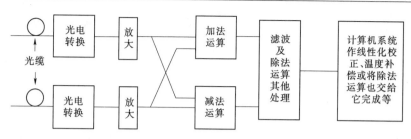

图 2.9　信号处理电路的原理性方框图

由全光学电流互感器的工作原理可见，其准确测量受光学传感器和信号处理电路两部分的影响，主要包括传感器材料的老化、外界温度及振动等环境因素影响和电子电路的漂移及可靠性等因素的影响。

（2）空心绕组电流互感器。又称为 Rogowski 绕组式电流互感器。Rogowski 绕组实际上是一种特殊结构的空心线圈。它是根据被测电流的变化感应信号从而反应被测电流值的，其特点是被测电流几乎不受限制、反应速度比较快（可以测量前沿上升时间为毫微秒级的电流）、受外磁场的影响和被测载流导体的位置影响极小，因此，从测量大电流的观点来看，Rogowski 绕组是一种较理想的敏感元件。空心绕组由漆包线均匀绕制在环形骨架上制成，骨架采用塑料、陶瓷等非铁磁材料，其相对磁导率与空气的相对磁导率相同，这是空心绕组电流互感器有别于电磁式电流互感器的一个显著特征。

空心绕组电流互感器的结构如图 2.10 所示，图 2.11 所示为其传感头的示意图及其等效电路。当 Rogowski 绕组绕制非常均匀且小线匝所包含面积非常均匀细小时，由法拉第电磁感应定理及全电流定理可知，Rogowski 绕组的感应电势：

$$e(t) = -M \frac{\mathrm{d}i(t)}{\mathrm{d}t} \tag{2.12}$$

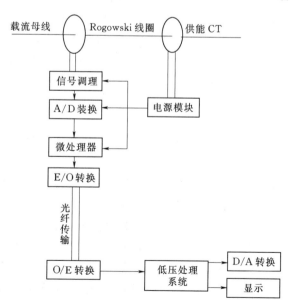

图 2.10　空心绕组电流互感器的结构图

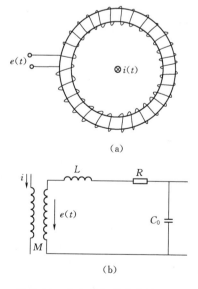

图 2.11　空心绕组及其等效电路

$$M=\frac{\mu_0 NS}{l}$$

式中　M——磁位计的互感系数；

　　　S——小线匝所包围的面积；

　　　N——小线匝的总匝数；

　　　l——小线圈长度。

由式（2.12）可见，Rogowski 绕组的输出电压与载流导线中电流对时间的导数成正比，通过对该电压的积分运算处理，即可实现对电流的测量。

由空心绕组电流互感器的工作原理可见，其准确测量受传感器的结构参数和信号处理电路两部分的影响，主要包括传感器材料的老化、环境温度导致的线圈结构参数的变化、外界电磁干扰、电子电路的老化漂移及可靠性等因素的影响。

（3）铁芯绕组式低功率电流互感器（LPCT）。它是传统电磁式电流互感器的一种发展。其按照高阻抗电阻设计，在非常高的一次电流下，饱和特性得到改善，扩大了测量范围，降低了功率消耗，可以无饱和地高准确度测量高达短路电流的过电流，测量和保护可共用一个铁芯绕组式低功率电流互感器，以电压信号的形式输出被测电流。其原理性实现结构方框图如图 2.12 所示。

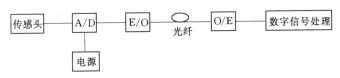

图 2.12　铁芯绕组式低功率电流互感器原理性方框图

传感头将被测电流转换成电压信号并进行预处理，经模数转换电路转换成数字信号后通过光纤传输到低压侧，再由后续处理电路进行处理，从而实现对电流的测量。

从铁芯绕组式低功率电流互感器的工作原理可知，这种电子式电流互感器的测量误差主要受传感器的传变准确度、高压侧信号处理电路的处理精度、外界电磁干扰、电子元器件的老化漂移及可靠性等因素的影响。另外，电磁式电流互感器的工作特性中除了饱和特性和负荷特性以外的其他因素的影响在这种互感器中同样存在。

2. 电子式电压互感器

同电子式电流互感器相似，电子式电压互感器可分为无源电子式电压互感器和有源电子式电压互感器两类。

（1）无源电子式电压互感器。这类互感器指的是利用光学原理实现电压传感的电子式电压互感器。应用的光学原理有：利用某些晶体在外电场作用下产生双折射的大小与电场二次方成正比的电感应双折射现象的 Kerr 效应；利用某些晶体在外电场作用下产生双折射的大小与电场一次方成正比的电感应双折射现象的 Pockels 效应；利用光纤缠绕在压电材料（石英晶体或陶瓷等）上，电场引起晶体或陶瓷变形，从而引起光纤的光学性质的变化达到检测电压的电致伸缩效应等。其中，基于 Pockels 效应的电子式电压互感器研究最多，也是有实际应用的一种互感器。

所谓 Pockels 效应是指某些晶体物质在外加电场（电压）的作用下发生双折射，且双折射两光波之间的相位差与电场强度（电压）成正比的物理现象。用公式表示即为：

$$\Delta\varphi = \alpha E_x = k\alpha V_x \qquad (2.13)$$

式中　α——与晶体物质本身的光电特性质及通光长度有关的常数；

　　　k——与外加电压方向有关的系数；

E_x、V_x——外加电场和外加电压。

由于对光的相位差进行精确测量相当困难，故一般的做法是采用偏振光干涉法进行间接测量。图 2.13 所示为基于 Pockels 效应的电子式电压互感器的电压传感部分的结构示意图。由光学传感器输出的信号经过光电转换、滤波、放大以及交直流信号相除等过程，获得正比于被测电压的输出电压信号，根据对被测电压测量的方式，可分为全电压型、电容分压型、叠层介质分压型和分布积分式等几种不同类型的电压传感器结构。虽然它们在高压侧电压传感器的结构不同，但在低压侧的信号处理方法是基本相同的。

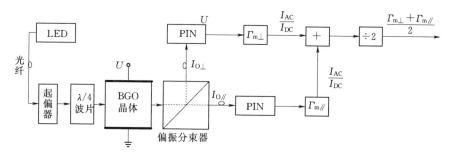

图 2.13　基于 Pockels 效应的电压传感器实现原理图

由无源电子式电压互感器的工作原理可见，其准确测量受光学传感器和信号处理电路两部分的影响，主要包括传感中光学材料的老化、外界温度及振动引起的线性双折射噪声干扰的影响和电子电路的温度和老化漂移及可靠性等因素的影响。

（2）有源电子式电压互感器。目前研究或应用于电力系统的有源电子式电压互感器有电阻分压、电容分压或阻容分压等几种方式，依电压等级的不同，各有其应用范围。

图 2.14 所示为这类互感器的传感原理图，其本质是利用分压的方法将高压信号的测量转变成对低压小信号的测量，专门引出的 GND 连接确保在测量或保护装置的参考零电位和开关柜的接地之间不会发生耦合效应，内置的过电压吸收器 A 可以确保在高电压电

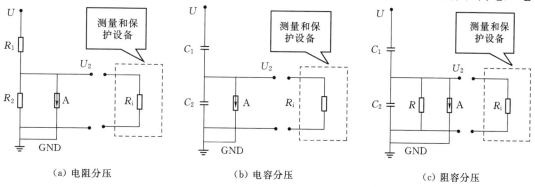

（a）电阻分压　　　　　　（b）电容分压　　　　　　（c）阻容分压

图 2.14　有源电子式电压互感器测量原理图

阻或电容出现故障的极端情况下，输出端也不会出现不允许的高电压。电阻分压有源电子式电压互感器主要应用于中低压配电柜的电压传感；电容分压和阻容分压有源电子式电压互感器则可以应用于所有等级的电压测量。图 2.15 为有源电子式电压传感器的结构方框图。

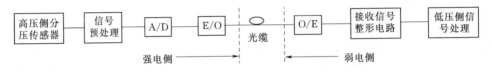

图 2.15　有源电子式电压传感器的结构方框图

由测量原理可见，有源电子式电压互感器的传感精准度取决于分压比的准确度，其传变误差主要源自分压电阻（电容）温度系数、电阻（电容）电压系数、电阻（电容）器因电压和温度引起的漂移、杂散电容及相邻相线之间的串扰影响。至于低压信号处理电路的影响，则等同于有源光学电流传感器的信号处理电路。

3. 电磁式互感器和电子式互感器的应用范围

通过对电磁式互感器和电子式互感器的对比可见，电压等级越高，电子式互感器优势越明显。对于低电压等级则采用电子式互感器意义不大，宜采用常规互感器，原因如下：

（1）采用电子式互感器是为了解决互感器饱和问题，而低压常规互感器一般不存在饱和问题。

（2）采用电子式互感器是为了解决互感器的二次信号长距离传输问题，但低压常规互感器和保护装置已就地安装在开关柜中，所以长距离传输问题已解决。

（3）制约开关柜体积减小的主要因素是操作机构的占用体积而非互感器的体积，因而对于安装于开关柜中的电子式互感器来说，其体积小、质量小的优势没有体现出来。

（4）低压电子式互感器输出的是数字信号或小模拟电压信号，其信号不易直接分享，需通过合并单元转化成数字信号后才可分享，这无疑增加了合并单元成本，而常规互感器输出的信号则易于供各种保护测控装置分享。

因此，对于未来的变电站，不会形成电子式互感器一统天下的局面，也不会使传统电磁型互感器走向终结，而会是常规互感器与电子式互感器互补并存的形式。

随着智能电网建设的发展，智能化变电站内部各个互感器之间的采样同步问题将通过以下几种方法得到解决：

（1）常规站与智能化站之间可调整采样时刻，对两侧的采样延时差值进行补偿，保证计算差动电流的两侧电流是同一时刻值。

（2）智能化站内或与常规站之间可基于全球定位系统（GPS）/北斗卫星导航系统的时间脉冲进行同步采样。

（3）通过保护、测控装置的软件算法进行修正。

2.2.3　二次回路负载

电能计量装置的每一环节都会对电能计量装置的工作性能产生一定的影响，从实际运行统计数据来看，三相电能表误差基本稳定，而电能计量装置的误差变化主要来源于互感器及其二次回路的参数情况。因此，电能计量装置的计量二次回路的运行状态对于保障电能计量的准确、可靠至关重要，尤其是互感器的二次负荷和二次回路中的接点连接状况。

由于电子式互感器是以数字的形式输出，它作为电能计量装置的数据采集单元时，二次回路接线情况对于计量的影响除了通信故障再无其他，因此本小节重点分析二次回路负载对利用电磁式互感器作为数据采集信号源的电能计量装置的影响。事实上，电磁式互感器也是电能计量中最常用的传感变换器件，本小节如下叙述中的互感器指的是电磁式互感器。

国家电力行业标准 DL/T 448—2000《电能计量装置技术管理规程》规定：互感器实际二次负荷必须在 $25\%\sim100\%$ 额定二次负荷范围，运行中的互感器应定期进行检验。互感器的额定（二次）负荷是指互感器在额定电压或额定电流情况下，二次回路负荷运行时的视在功率 $S_N(\text{VA})$。不超过额定负荷才能保证其传变误差在标定准确度范围内。对于电流互感器而言，其运行时的额定视在功率为：$S_N = I_{2N}^2 Z_2$，很显然，为保证电流传变的准确性，互感器二次侧的阻抗 Z_2 必须满足 $|Z_2| \leqslant S_N / I_{2N}^2$ 的要求。对于电压互感器而言，其运行时的额定视在功率为：$S_N = I_{2N}^2 Y_2$，为保证电压传变的准确性，对互感器二次侧的导纳 Y_2 同样有要求，因此，二次回路是影响电能计量的重要因素之一。

电流互感器运行时，由于实行峰谷电价在电流互感器的二次回路中另外接入有功分时电能表，因采用微机远动装置在电流互感器的二次回路中串入各种变送器，以及二次端子接触不良等各种原因，导致二次侧负载会发生超过额定负载的情况，使得电流传变误差增大，其影响可由式（2.3）分析计算。而人为短接或断开、互感器损坏等故障则必须防范。

对于电压互感器而言，二次回路负载的影响体现在以下两个方面。

（1）二次侧的负载过多。如 220kV 及以下电压等级变电站线路电能表的计量电压一般取自母线电压互感器，而母线上连接的一般都有十几条以上的出线，电压互感器二次回路并接的负载较多。特别是 10kV 侧出线往往更多，而且很多出线装设了两块电能表，这些变电站 10kV 电压互感器因并接的负载过多会使得二次负载的等效阻抗下降较大，这部分对传变误差的影响可由式（2.3）计算可得。

（2）因回路阻抗产生的二次回路压降。图 2.16 为电压互感器二次回路接线的示意图。由于电压互感器与电能表相距较远（一般在几十米以上），由图 2.16 中可以看出，在电压互感器二次回路中，空气开关或熔断器、刀闸辅助接点、端子排的接触电阻以及电压互感器至电能表连接电缆自身阻抗的存在，当电流流过其二次回路时必然会产生一定的电压降。这部分对传变误差带来的附加误差通过理论分析可知其大小为：

$$\widetilde{\varepsilon}_{\text{additional}} = \frac{Z_{\text{line}}}{Z_{\text{L}} + Z_{\text{line}}} \times 100\% \qquad (2.14)$$

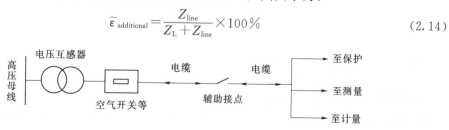

图 2.16　电压互感器二次回路接线示意图

式中　Z_{line}——二次回路的连接线的总阻抗；

　　　　Z_{L}——电能计量装置的等效输入阻抗。

2.2.4　电能表的接线方式

电能表的接线就是电能表及其计量用互感器与被测电路之间的连接关系。它是由被测电路（单相、三相三线、三相四线电路等）、被测参数（有功电能、无功电能）以及选用的电能表、计量用电流互感器和电压互感器等因素决定的。电能表的接线必须按设计要求和规程规定正确进行，若接线不正确，即使电能表和互感器本身的准确度都很高，也达不到准确测量的目的。电能计量装置按被测电路的不同分为单相、三相三线、三相四线。根据电能计量装置的不同种类以及各种电能计量装置可能出现的多种接线方式，可以将电能表的接线方式分成以下几种形式（每种接线形式根据选择的电压相别不同可分为 AB、AC、BC 三种具体结构，以下叙述以 AC 相电压接线为例介绍）。

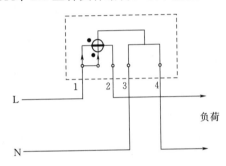

图 2.17　单相表直接接入方式接线

1. 单相有功电能表的接线方式

（1）单相有功电能表直接接入。家庭用户和小容量照明负荷大多数均采用单相直接接入式计量，其接线图如图 2.17 所示。

（2）单相有功电能表经互感器接入。当电能表电流或电压量限不能满足要求时，需经互感器接入。若电流量限不够，采用电流互感器；若电压量程不够，则采用电压互感器。图 2.18 是带电流互感器和电压互感器的接线图，其中图 2.18（a）为共用方式，图 2.18（b）为分开方式。

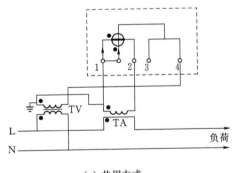

（a）共用方式

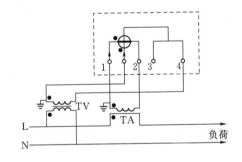

（b）分开方式

图 2.18　单相表经互感器接入方式接线

2. 三相三线制电路有功电能表的接线及原理分析

（1）三相三线两元件有功电能表直接接入。计量三相三线低压有功用三相两元件有功电能表直接接入式正确接线如图 2.19 所示。图 2.19（a）为三相三线两元件有功电能表直接接入式正确接线图，图 2.19（b）是图 2.19（a）接线方式下，电能表中各电压、电流的相量图。

（2）三相三线两元件有功电能表经电流互感器间接接入。三相三线两元件有功电能表

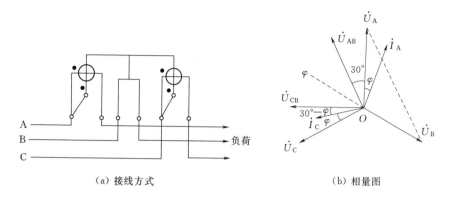

（a）接线方式　　　　　　　　　（b）相量图

图 2.19　三相三线两元件有功电能表直接接入式接线及其相量图

经电流互感器间接接入式正确接线如图
2.20 所示。

（3）三相三线两元件有功电能表经
电流互感器和电压互感器间接接入。三
相三线两元件有功电能表经电压互感器
和电流互感器间接接入，计量三相三线
高压电路有功电能的正确接线相量关系
如图 2.21 所示。

三相三线制电路有功计量的原理叙
述如下（以 AC 相电压接线为例）。

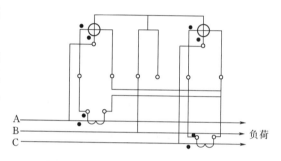

图 2.20　三相三线两元件有功电能表经电流
互感器间接接入接线图

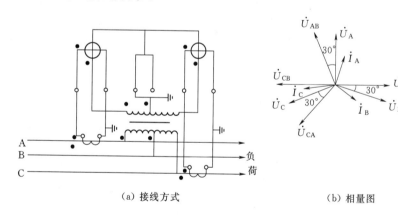

（a）接线方式　　　　　　　　　（b）相量图

图 2.21　三相三线两元件有功电能表经电压、电流互感器
间接接入式接线及其相量图

由于三相电路的瞬时功率：

$$p = u_{AN} i_A + u_{BN} i_B + u_{CN} i_C$$

而三相三线制电路各相电流间存在关系：

$$i_A + i_B + i_C = 0 [即 : i_B = -(i_A + i_C)]$$

则有：

$$p=u_{AN}i_A-u_{BN}(i_A+i_C)+u_{CN}i_C=(u_{AN}-u_{BN})i_A+(u_{CN}-u_{BN})i_C=u_{AB}i_A+u_{CB}i_C$$

即
$$P=\dot{U}_{AB}\dot{I}_A\cos(\varphi_A-30°)+\dot{U}_{CB}\dot{I}_C\cos(\varphi_C+30°)=P_A+P_C$$

注意：当功率因数小于 0.5 时，其中一个电能表会反转，此时应将该电能表所接电流线圈极性反接使表计正转，而该表计对应电能的符号为负。

3. 三相四线制电路电能表的接线和分析

三相四线电路的电能计量是通过采用三只相同规格的单相表或一只三相四线有功电能表实现电能计量的，其接线方式有直接接入式和经电流互感器接入式两种。

（1）三相四线三元件有功电能表直接接入。三相四线三元件有功电能表直接接入式的正确接线方式和向量图如图 2.22 所示。

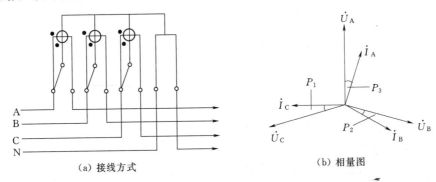

(a) 接线方式　　　　　　　　　　　(b) 相量图

图 2.22　三相四线三元件有功电能表直接接入式接线及其相量图

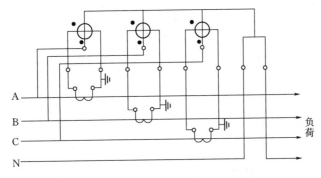

图 2.23　三相四线三元件有功电能表经
电流互感器接入的接线图

（2）三相四线三元件有功电能表经电流互感器接入。三相四线三元件有功电能表经电流互感器的正确接线方式如图 2.23 所示。

正确的接线是电能准确计量的基础，各种故障接线都会导致电能计量的错误，也是电能计量安装及用电检查中必须重点注意的工作。故障接线是指在连接电能表及计量用互感器时可能出现的各种错误接线，包括电能表电压回路和电流回路的错误接线，电压互感器和电流互感器的极性反接及开路短路等接线。

2.3　数　据　处　理　系　统

数据处理系统是电能计量系统的电能计算单元，其功能是通过来自数据采集系统获取的电流和电压信号完成对电能的计算。数据处理系统包括厂站电能量终端、负荷管理终端、配电变压器监测计量自动化终端、低压居民集抄设备等装置中的电能计量单元。其基本的计量单元有两种：感应式电能表、电子式电能表。

2.3.1　感应式电能表

感应式电能表包括两个固定铁芯线圈和一个活动转盘，当这些线圈通过交变电流时，在转盘上感应产生涡流，这些涡流与交变磁通相互作用产生电磁力，从而引起活动部分转动。感应式电能表由驱动单元（电流线圈和电压线圈）、转动单元（转盘和转轴）、制动单元（永久磁铁和磁轭）以及辅助单元（计度器、支架、端钮盒、轴承等）几部分构成。

如图 2.24 所示，当电流线圈 A 串联在被测电路中时，由负载电流 I 所产生的磁通 ϕ_1、ϕ_1' 上下穿过转盘两次，其中 ϕ_1 表示由下而上穿过转盘的磁通，而 ϕ_1' 则表示由上而下穿过转盘的磁通，它们在任何时刻都是大小相等方向相反的。电压线圈 B 产生的磁通分为两部分：一部分磁通称为工作磁通 ϕ_U，经过转盘下面的导磁体 B_1，另一部分磁通不穿过转盘，向左右分开，经过两旁铁芯，再回到中间支路，称为非工作磁通 $\dot\phi_f$。

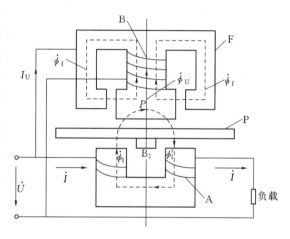

图 2.24　感应式电能表工作原理示意图
A—电流线圈；B—电压线圈；P—转盘；B_1—导磁体

由于电流线圈和电压线圈的磁路中都有比较大的气隙，铁芯中的磁通不易达到饱和且铁芯损耗很小，可以忽略。

于是，可以近似地认为 ϕ_1 与 $\dot I$、ϕ_u 与 $\dot I_u$ 相位上相同，数值上成正比，即有：$\dot\phi_1=k_1\dot I$，$\dot\phi_U=k_u\dot I_U$；并且，在电压线圈中，由于电抗远大于电阻，因此可以近似地认为 $\dot I_U$ 滞后电压 $\dot U90°$。图 2.25 给出了在纯电阻负载下 $\dot I$、$\dot U$、$\dot I_U$ 和 $\dot\phi_1$、$\dot\phi_1'$、$\dot\phi_U$ 的相量图。

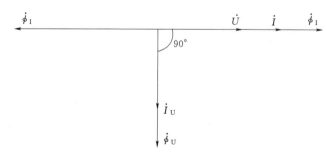

图 2.25　纯电阻负载时电能表中电压、电流及磁通的相量关系

当感应式电能表的两个线圈同时通过交变电流以后，就有交变磁通 ϕ_1、ϕ_1' 和 ϕ_u 穿过转盘，通过分析其磁场变化规律可知，随着时间的推移，无论是正向最大磁通还是负向最大磁通，都会以交变周期 T 自左向右"移进"的，形成"移进磁场"（旋转磁场）。

当移进磁场自左向右移进时，铝质转盘因切割磁力线而在转盘中产生涡流（涡流的方向由右手定则确定）。转盘中的涡流与产生涡流的磁场相互作用将产生一个作用于转盘的作用力 F（F 的方向由左手定则确定），在力 F 作用下将产生一个使转盘转动的作用力矩 M_P。M_P 由电流线圈产生磁通 φ_I（包括 ϕ_1、ϕ_1'）与电压线圈感应的涡流 i_{eU} 相互作用而产生的转矩 M_1 和电压线圈产生磁通 φ_U 与电流线圈感应的涡流 i_{eI}（包括 ϕ_1、ϕ_1'）相互作用而产生的转矩 M_2 构成。

（1）由 φ_I 与 i_{eU} 相互作用而产生的转矩 M_1。

从电工理论中，我们知道载流导体在磁场中所受到的电磁力 f 是与电流 i 和磁感应强度 B 成正比的，而转矩是与 F 成正比，磁通 φ 是与 B 成正比的，因此瞬时转矩 M_t 与电流 i 和磁通 φ 成正比。若设 $\varphi_I = \sqrt{2}\phi_1\sin\omega t$，$i_{eU} = \sqrt{2}I_{eU}\sin(\omega t - \psi - 90°)$，其中 ψ 为 φ_I 和 φ_U 的相位差，即电流与电压的相位差，则有：

$$M_1 = k_1 i_{eU}\varphi_I = k_1 \cdot \sqrt{2}I_{eU}\sin(\omega t - \psi - 90°) \cdot \sqrt{2}\phi_1\sin\omega t$$
$$= 2k_1 I_{eU}\phi_1\sin\omega t\sin(\omega t - \psi - 90°) \tag{2.15}$$

由于 i_{eU} 是由 φ_U 感应产生的涡流，因此 I_{eU} 和 φ_U 成正比，即：$I_{eU} = k_U\varphi_U$，故

$$M_1 = 2k_1 k_U\phi_U\phi_1\sin\omega t\sin(\omega t - \psi - 90°)$$
$$= K_1\phi_U\phi_1[\cos(\psi + 90°) - \cos(2\omega t - \psi - 90°)]$$
$$= -K_1\phi_U\phi_1[\sin\psi + \sin(2\omega t - \psi)] \tag{2.16}$$

由式（2.16）可见，转矩 M_1 是随时间而脉动变化的，式中的第一项是个常数，第二项是按电源两倍频率作脉动变化的，由于在一个周期内正弦量的平均值为零，因此该转矩的平均值等于常数项，即：

$$M_1 = -K_1\phi_U\phi_1\sin\psi \tag{2.17}$$

（2）由 φ_U 与 i_{eI} 相互作用而产生的转矩 M_2。

按上述方法，同样可求得：

$$M_2 = k_2 i_{eI}\varphi_U = k_2 \cdot \sqrt{2}I_{eI}\sin(\omega t - 90°) \cdot \sqrt{2}\phi_U\sin(\omega t - \psi)$$
$$= 2k_2 I_{eI}\phi_U\sin(\omega t - \psi)\sin(\omega t - 90°) \tag{2.18}$$

因 I_{eI} 与 φ_I 成正比，故：

$$M_2 = 2k_2 k_1\phi_1\phi_U\sin(\omega t - 90°)\sin(\omega t - \psi)$$
$$= K_U\phi_1\phi_U[\cos(\psi - 90°) - \cos(2\omega t - \psi - 90°)]$$
$$= K_U\phi_1\phi_U[\sin\psi - \sin(2\omega t - \psi)] \tag{2.19}$$

所以该转矩的平均值为：

$$M_2 = K_U\phi_1\phi_U\sin\psi \tag{2.20}$$

（3）合成平均转矩 M_P。

按照图 2.24 所规定参考方向，利用左手定则分析可知 φ_I 和 i_{eU} 相互作用而产生的电磁力 F_1 是向左的，而 φ_U 和 i_{eI} 相互作用而产生的电磁力 F_2 是向右的，因此，M_1 和 M_2 产生的合成转矩是相加的，即：

$$M_P = K_U\phi_1\phi_U\sin\psi + K_1\phi_U\phi_1\sin\psi$$
$$= K\phi_1\phi_U\sin\psi \tag{2.21}$$

由式（2.21）可见，只要流经电能表的电流与电压的相位差 ψ 不等于零，亦即只要有有功功率消耗，M_P 就不等于零，就可以使转盘转动了。

电能表是没有游丝的，如果测量机构只有产生转动力矩装置，则转盘在转动力矩作用

下，速度越来越快，以致无法进行测量，因此为了使转盘的转数能反映电能，在电能表中还装了一个永久磁铁，用以产生制动力矩。

当转盘旋动时，转盘将割切永久磁铁的磁通，同样会因涡流感应产生一个与转盘转动方向相反的称之为制动力矩的力矩 M_T，该力矩与转盘转速成正比。转盘在转动力矩作用下，转速不断增加，但是另一方而转盘又受到永久磁铁的作用，而且这制动力矩随转速不断增长而逐渐增大，因此在不考虑摩擦力矩的情况下，当转盘的转速一直增加到制动力矩 M_T 与转矩 M_P 相平衡时，电度表的转盘就保持稳定的转速不断地旋转。根据这一平衡条件，便可以求出在一定时间内转盘的转数 n 与电能 W 之间的关系，此即为感应式电能表的工作原理。

2.3.2 电子式电能表

电子式电能表是以微处理器应用和网络通信技术为核心，由测量单元、数据处理单元、通信单元等组成的智能化仪表，具有电能计量、信息存储及处理、实时监测、自动控制、信息交互等功能。根据其实现原理，目前主要有两种类型的电子式电能表：基于模拟乘法器的电子式电能表和以数字乘法器为核心的电子电能表。

1. 采用模拟乘法器的电子式电能表

这种类型的电子式电能表主要由输入级、乘法器、频率变换和计数显示四部分组成。其工作原理如图 2.26 所示。被测的高电压 U、大电流 I 经电压变换器和电流变换器转换后送至乘法器 M，乘法器 M 完成电压和电流瞬时值相乘，输出一个与某段时间内的平均功率成正比的直流电压 U_0，然后利用电压/频率转换器，U_0 被转换成相应的脉冲 f_0，f_0 正比于平均功率，将该频率分频，并通过计数器的计数值反映出电能。

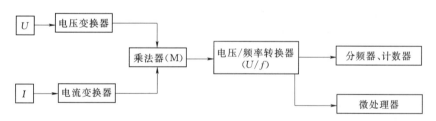

图 2.26 采用模拟乘法器的电子式电能表工作原理

模拟乘法器有时分割乘法器和基于霍尔原理的乘法器两种。时分割乘法器的实现原理是将待测负载的电压和电流经变换器转换成交流电压信号后，以一定时间间隔 Δt 对两个电压信号进行分割。由于 Δt 很小，期间输入的交流电压可以看作直流量。乘法器在所分割的每一 Δt 中作一次相乘，得出运算结果；然后对相乘结果取平均值，则此平均值就代表了两电压乘积的平均值，即与用电负载消耗功率成正比的一个模拟量。

基于霍尔原理的乘法器是利用霍尔效应实现乘法运算的。霍尔效应是指金属或半导体薄片置于磁场中，当有电流流过时，在垂直于电流和磁场的方向上将产生电动势的物理现象。如图 2.27 所示，当霍尔元件放置在有磁感应强度为 $\vec{B}$ 的环境时，若在其控制电极 CD 上通以电流 I，则在其霍尔电极 AB 上将会产生霍尔电压：

$$U_H = K_H IB \tag{2.22}$$

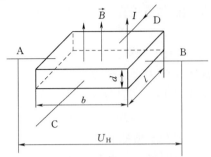

图 2.27　霍尔效应示意图

A、B—霍尔电极；C、D—控制电极

式中　K_H——霍尔灵敏度，是一个与霍尔元件的尺寸相关的一个参数。

由式（2.22）可见，如果将待测负载的电压转换成与之成正比的磁感应强度 $\vec{B}$，则霍尔元件的输出电压 U_H 即为与负载的瞬时功率成正比的一个数值，这就是基于霍尔原理的乘法器的工作原理。

2. 采用数字乘法器的电子式电能表

数字乘法器电子式电能表是利用 A/D 转换器将电压、电流值数字化后，通过微处理器进行数字乘法运算实现功率和电能的计量的。它可以在功率因数为 0～1 的整个范围内保证电能表的测量准确度，这是众多模拟乘法器难以胜任的。采用数字乘法器的电子式电能表的结构框图如图 2.28 所示。

从目前情况看，国内 A/D 采样设计应用比较成熟，国外时分割乘法器型静止式电能表最为成熟，国内时分割乘法器的单相电子式电能表也较好。几种电子式电能表性能参数的比较结果见表 2.1。

3. 电子式电能表的计量原理

从结构上讲，电子式电能表一般由电测量单元和数据处理单元两部分组成。在 20 世纪 90 年代国内安装应

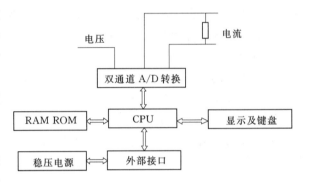

图 2.28　采用数字乘法器的电子式电能表的结构框图

用过一种由机电脉冲式电测量单元构成的电能表，这种电能表沿用了感应式电能表的测量机构，数据处理机构则由电子电路和计算机控制实现，因而它只是一种电子线路与机电转换单元相结合的半电子式电能表，本书将其归类到感应式电能表。由于感应式测量机构的制约，机电脉冲式电能表难以降低功耗、提高测量精度。

表 2.1　　　　　　　　　　　　　几种电子式电能表性能比较

比较项目	A/D 采样型	时分割乘法器型	霍尔乘法器型
精度	高	一般	一般
启动电流	小	小	一般
频率响应	<10kHz	<10kHz	0～100kHz
电磁兼容	好	好	好
时间漂移	好	较好	较好
功能扩展性	好	一般	一般
抗外磁场干扰	好	好	差
制造成本	中	低	高

本书中所介绍的电子式电能表是指采用乘法器完成对电功率及电能测量的电能表。这种电能表不但提高了测量精度、降低了功耗，还增强了过载能力，具有良好的扩展性。由常规的电子式电能表已发展出了多功能电子表、多费率电能表、预付费电能表、载波电能表、红外抄表、集中抄表系统、多用户电能表等系列产品。

目前使用的电子式电能表基本都为多功能电能表。所谓多功能电能表，根据电力行业标准 DL/T 614—1997《多功能电能表》的定义，凡是由测量单元和数据处理单元等组成，除计量有功（无功）电能外，还具有分时、测量需量等两种以上功能，并能显示、储存和输出数据的电能表都可称为多功能电能表。从定义可以看出，多功能电能表都具有数据的显示、储存和输出的功能。鉴于计量自动化系统应用的需要，基于数字乘法器的电子式电能表是国内的主流，所以这里重点具体介绍这种电能表的计量原理。

设交流电压、电流表达式为：

$$u(t)=U_{\mathrm{m}}\sin\omega t=\sqrt{2}U\sin\omega t$$

$$i(t)=I_{\mathrm{m}}\sin(\omega t-\varphi)=\sqrt{2}I\sin(\omega t-\varphi)$$

式中　$u(t)$、$i(t)$——t 时刻的电压电流瞬时值；

　　　U_{m}、I_{m}——电压和电流峰值；

　　　U、I——电压电流有效值；

　　　φ——电压和电流之间的相位差。

如果已知电压、电流有效值及其相位，则一个周期内的平均有功功率可用下式求得：

$$P=\frac{1}{T}\int_0^T u(t)i(t)\mathrm{d}t=\frac{1}{T}\int_0^T U_{\mathrm{m}}\sin\omega t\, I_{\mathrm{m}}\sin(\omega t-\varphi)\mathrm{d}t$$

$$=\frac{1}{T}\int_0^T UI[\cos(2\omega t-\varphi)+\cos\varphi]\mathrm{d}t=UI\cos\varphi \tag{2.23}$$

式中　T——交流电压、电流的周期。

于是，一个周期内的电能 W 可用下式求得，即：

$$W=\int_0^T u(t)i(t)\mathrm{d}t=TUI\cos\varphi \tag{2.24}$$

实际上用户负荷是不断变化的，无法快速而精确的测得每个周期的电压有效值、电流有效值，以及电压、电流向量之间的相位差，所以无法直接按式（2.23）计算功率，也无法按式（2.24）计算电能。但功率可由电压、电流的瞬时值计算而得，所以可以通过对电压、电流瞬时值采样的办法计算功率。

设各采样点功率 $P(t_{\mathrm{k}})$ 为

$$P(t_{\mathrm{k}})=u(t_{\mathrm{k}})\times i(t_{\mathrm{k}}) \tag{2.25}$$

若以 Δt 的时间间隔对电压和电流同时进行采样，假设每周期的采样数为 N，则由于有 $T=N\Delta t$，故平均功率 P 可以表示为：

$$P(t_{\mathrm{k}})=[u(t_1)u(t_1)+\cdots+u(t_{\mathrm{k}})i(t_{\mathrm{k}})+\cdots+u(t_{\mathrm{n}})i(t_{\mathrm{n}})]\cdot\frac{1}{N}$$

$$=\sum_{k=1}^N \frac{1}{N}u(t_{\mathrm{k}})i(t_{\mathrm{k}}) \tag{2.26}$$

因为 $\Delta t=t_{\mathrm{k}}-t_{\mathrm{k}-1}$，所以一个周期内的电能为：

$$W = \left[\sum_{k=1}^{N} u(t_k) i(t_k) \right] \Delta t \qquad (2.27)$$

式（2.27）说明将采样点电流、电压相乘相加再乘以采样周期就是平均电能。如果 $\Delta t \to 0$，则 $W = \int_0^T u(t) i(t) \mathrm{d}t$，即为式（2.24）。计算机可以轻松完成数值计算，关键是如何把交流电压、交流电流模拟量转换成为数字量。在频率准确得知的前提下，研究表明以数字乘法器完成电能测量的这种方法，从理论上讲是可以实现零误差计算的。另外，从公式推导看出，采用数字乘法器的电子式电能表进行电能测量与功率因数无关，这是这类电能表的一个重要特点。

图 2.29 所示为电子式电能表的信号处理软件系统总体框架结构图。它由数据采集、数据处理、数据存储、人机交互、RS485 通信等五个板块组成。由于每个软件周期内需完成多个任务，则不可避免地存在任务间竞争情况，在实际应用中常采用任务中断模式，并为每个任务中断响应设定中断优先级，采用高优先等级先处理，低优先等级进入堆栈等待方法解决任务间竞争，保障程序处理的流畅性与可靠性。

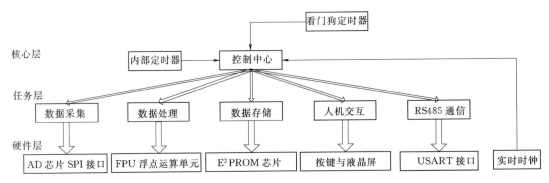

图 2.29　软件系统框架图

2.3.3　电能表误差特征及故障对检测结果影响

不同原理的电能表在工作过程中因结构的差异性，其误差产生的原因及故障的特征各异，具体介绍如下。

1. 感应式电能表

感应式电能表依靠涡流感应驱动力矩驱使转盘转动，依靠制动力矩阻止转盘加速转动实现对负载的计量。但在实际工作中，电能表除了受到驱动力矩和制动力矩两个基本力矩的作用外，还会受到抑制力矩、摩擦力矩、补偿力矩等附加力矩的作用，这些附加力矩会破坏转盘的转速和负载功率，造成电能表计量误差。电能表的计量误差分为基本误差和附加误差两大类，基本误差是在规定的电压、频率、温度条件下所测得的相对误差，附加误差则是电能表运行过程中由于电压、频率、温度等的变化所引起的误差。

通常情况下，电能表工作电压的变化，会由于工作磁通与电压的非正比变化而破坏电压抑制力矩、补偿力矩和驱动力矩间的比例关系，从而使电能表产生电压附加误差，也就是电压误差。

当电网频率同电能表额定频率不同时，会使电流、电压工作磁通以及其相位角发生改变，使电能表产生频率附加误差。

另外，电能表所处的工作环境十分复杂，对电能表的影响主要有气候因素、机械外力因素和温度等环境因素。机械外力因素主要是指来自外界的正面压力、意外冲击或是位置倾斜等机械作用对电能表产生的影响。气候因素方面主要有电能表的工作温度、空气湿度、空气质量等因素，这些因素有可能会使电能表中一部分核心设备性能下降，使用寿命减短，使其运行速度减慢，进而产生误差。其中，温度对于电能表准确性的影响不容小觑，当电能表的实际运行温度与电能表的额定运行温度存在差异时，可能使得电能表中的自身内阻因环境温度的变化产生一定改变，进而使得运行电流产生变化，导致一系列的连带反应，最终导致附加误差的产生。

电压误差、频率误差、温度误差是感应式电能表电能计量中最常见的误差。其误差特征在于受电网运行状况和环境因素的影响较大，具有较大的随机性且波动范围较大，但一般具有连续性的特点。而机电脉冲式电能表则除了具有普通感应式电能表的误差特征外，还有因电子电路引入的附加误差，并会呈现电子式电能表的误差特征。

2. 电子式电能表

电子式电能表的误差主要来自于电流/电压采样时中间变换器的转换误差、电子元器件因温度影响产生的漂移误差、A/D 转换的舍入误差、模拟乘法器/数字乘法器的计算误差、因外界干扰引入的电磁兼容误差、因非同步采样带来的计算误差等，基本上都是因电子电路引入的误差。

由于电子式电能表的计量准确度直接与电子元器件的特性相关，任何一个元器件的损坏都将导致电能计量准确度的丧失，因此，这类表计对元器件的要求很高，产品生产时对元器件的可靠性的检测严格，并通过硬件电路和软件程序进行补偿。

来自电压互感器和电流互感器的信号由电压变换器和电流变换器转变成弱电系统能够接受的电压信号，再经过前置放大和滤波等信号预处理环节后，A/D 采样所采样的电压电流之间都存在一个相位误差 ξ 和一个 U、I 乘积的幅值误差 γ。实际上电能计量芯片都是按照 $W' = TU'I'\cos(\varphi + \xi)$ 计算电能的。

对误差进行补偿有软件补偿和硬件补偿两种方式，所谓软件补偿（图 2.30）就是找到一个 ξ、γ 的函数 $f(\xi, \gamma)$ 使得按式（2.27）算出的电能值乘以 $f(\xi, \gamma)$ 近似等于真实的电能值。即：

$$W'f(\xi, \gamma) \approx W \tag{2.28}$$

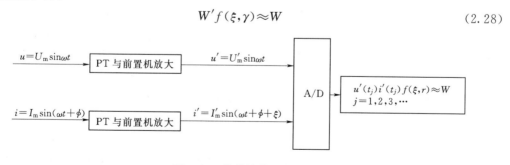

图 2.30 软件补偿示意图

除软件补偿外，还有硬件补偿，如图 2.31 所示。电压 U、I 经过 PT、CT 与前置后，

输出 U、I 已包含幅值误差与相位误差，如果在电压电流转换线路中加入模拟补偿电路使其输出恢复为 U 或者 I 状态。计算机采样后仍能得到正确结果。

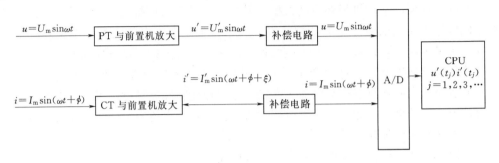

图 2.31　硬件补偿示意图

硬件补偿大致有两种补偿方法：一种是利用电位器和半可调电容调整；另一种是利用阻容网络调整。在测量电路加可调元件，可能会引起误差漂移，一般认为在计量电路中，不容许使用可调元件，所以最好的方法是加阻容网络。比较软件补偿和硬件补偿两种补偿方法，软件补偿有以下几点好处：

（1）软件补偿缺省了补偿电路，对 PT、CT 和运算放大器一致性要求降低。

（2）软件可以多点补偿，能使补偿后的误差曲线趋向平直。

（3）由于软件补偿可以用计算机自动调整，把烦琐的调表工作变成计算机控制自动进行，提高了精度，节约了校表时间。

总体而言，随着集成电路工艺的发展，电子式电能表普遍应用集成芯片的信号处理电路设计，所以其工作可靠性较高，一般来说其误差漂移较小。若一旦发生故障，将在很大程度上是以突变性误差的形式反映。

2.4　数据通信系统及主站

2.4.1　数据通信系统

电能计量自动化系统建设的重要基础是从基于各类远程采集技术，主要由安装在各电网环节中的各类计量自动化终端来实现。在这一过程中，数据通信系统是其重要的组成部分之一，通过数据通信网络，实现将各电能计量点的能量计量数据统一管理和综合分析，进而实现电能的有效调度和利用。数据通信系统连接的计量装置包括厂站电能量终端、负荷管理终端、配电变压器监测计量自动化终端、低压居民集抄设备和售电管理装置等，这些终端的功能及其质量是保证计量自动化系统稳定运行的基础。

我国的电能计量方式采取的是一户一表制，这就决定了电能计量自动化系统具有如下两个特点：①系统数据采集点多，数据量大；②系统是一个覆盖面很广的通信网络，采集点具有分散性，因此几乎所有远程抄表系统（数据通信系统）的整体都采用分布式体系结构。一般来说，这种体系结构分上下两层：系统主站与集中器之间的上层通信网、集中器与采集器和电能表之间的下层通信网，其基本要求是可靠性、经济性、可扩展性、易操作和免维护。图 2.32 所示为远程抄表数据通信系统体系结构示意图。

系统主站和采集器之间的上层通信大多采用星形结构，星形结构由一个中心和一些分别连接到中心的节点组成。上层通信是以安装在供电管理部门的系统主站为中心点，以分散在各变电区域的集中器为节点，形成了 1 对 N 的星形结构。星形网络的特点是结构简单，便于管理控制，建网容易，网络延迟时间短，误码率较低，便于程序集中开发和资源共享。在这种结构下，信道的通信数据量较大，要求有一定的传输速率和带宽。

底层通信是指采集终端和集中器之间的通信，一般来说，底层通信要求的传输距离不长，因此可以采用总线型的通信方式。在总线型的通信方式中，网络中所有

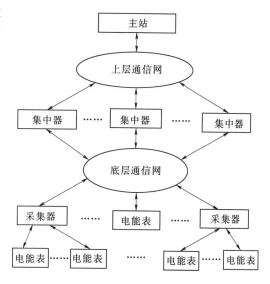

图 2.32 数据通信系统体系结构示意图

的节点共享一条数据通道，通过广播方式进行通信，各节点之间可以互相联通，某一个单独站点的故障不影响整个网络总线型通信的传输速度较慢，传输的距离也比较短。

数据通信系统为电力公司、用户和可控负载之间提供了连续的信息交互功能，它必须具有开放式的双向通信标准，并且高度安全可靠。目前应用的通信媒介日趋多样化，主要分为有线通信方式和无线通信方式两大类。

底层通信的通信方式主要采用的是 RS 485 点对点通信，通信介质为低压电力线载波、电话线、微功率无线组网等；上层通信一般采用网络通信的方式实现，主要采用电力通信专网或者租借公用通信网络的形式，通信介质为光纤网络或者无线通信网络。

数据通信单元在计量自动化系统中的主要作用是电能计量数据从用电负荷端到主站系统的数据通信，因此，虽然其运行状态对计量自动化系统的正常运行非常重要，但只要保证数据通信的实时性和足够低的数据传输误码率就不会对系统的运行带来影响，也不会影响到电能计量的准确性。

2.4.2 计量自动化系统主站

计量自动化系统主站是电能计量自动化系统的核心组成部分，能实现对现场监测设备的远程控制，主要包括管理设备的监测数据，并对远程监测结果进行分析和校验。主站管理中心需要满足以下的功能：

（1）数据采集与存储。定时巡回采集、存储并显示各个电能计量终端的电流、电压、有功、无功、频率、功率因数、相位关系等电参数的信息，并可对采样周期、采样范围等参数进行设置，实现对现场电能计量的远程监控的需求。

（2）数据分析。分析被监电能表误差变化趋势、日电量变化趋势、月电量变化趋势、年电量变化趋势、电量之间的平衡关系等，以监测电能表及计量装置的运行状态是否正常，并将监测到的数据统计生成报表或趋势图，记录历史运行状态，包括故障情况、运行

时间、质量等级，为后续的综合分析做准备。

（3）异常报警功能。当数据分析结果发现电能表误差越限、用电量异常越限、三相电压或电流不平衡越限、电能表失压等异常信息时，发出视觉、听觉等明显的感官报警，并自动录入异常信息档案。

（4）能满足数据的准确性、完整性、系统的可靠性、稳定性、开放性、安全性等要求。

计量自动化系统通过这些功能实现对电力系统供电侧和需求侧的用电管理，如需求侧用电特性分析、负荷预测、各种指标管理，供电侧电力市场预测分析、典型用户管理、供需平衡分析管理、调度管理、计划管理、效益评估、综合决策，以及系统管理与报表处理等各种辅助功能，从而提高电力生产管理的自动化水平。

由以上的介绍可以看出，计量自动化系统主站在电能计量过程中是通过数据分析和处理的方法完成对各计量终端信息的汇总统计和综合分析，是对来自现场数据的一个二次加工处理过程，其工作的状态只会影响到整个电能计量自动化系统的工作的正常与否，也就是说，其故障仅仅是对电能计量的管理工作有暂时的影响，而不会影响到电能计量的准确性。

2.5　本　章　小　结

本章对电能计量自动化系统的各组成单元进行了分析和介绍。由电能计量自动化系统的基本框架结构可以看出，从影响计量准确性因素的角度分析研究其状态校验检修问题，数据采集系统和数据处理系统（智能电能表）是影响系统正常运行的关键因素，而数据通信系统以及计量自动化主站不会对电能计量带来实质性的影响，因此状态校验检修研究的核心是如何由通过对来自现场的数据的分析发现电能计量中可能存在的故障和问题，进而有的放矢地开展运行维护和校验检修工作，以减轻现场作业人员的劳动强度。以下章节将围绕这个问题展开，介绍如何运用各种数据分析方法通过对现场数据的分析实现对各电能计量装置运行状态的评估。

第3章

设备状态评估技术

为了避免和解决电能计量装置在现场运行过程中出现的问题影响到电能计量的准确性和可靠性，利用现代信息技术对电能计量装置检验计划及现场检验进行科学的规划和管理，加强对各类电能计量装置的运行状态管理，重视各种现场运行数据的分析和深度挖掘，以防止计量差错和减少窃电现象发生是电力系统发展的需求和时代发展的必然趋势。

电能计量自动化系统的应用能有效解决这些问题。通过建立完善客户档案资料及电能计量装置档案资料，把电能计量管理工作从计量设备档案、误差检定进一步扩展到电能计量装置运行状态全面监控，对现场运行过程中计量装置出现的异常、安全隐患等故障进行记录分析，根据现场检验计划及实际情况调整计量装置现场检验周期，准确分配现场检验工作，实现电能计量设备运行状态的记录和分析，并将设备运行状态评估技术应用于电能计量装置的监控和性能评估中。

3.1 电能计量装置状态的概念

电气设备的运行状态是指电气设备在不同运行条件下的工作状况，如负荷水平，出力配置，系统接线、故障等。一般而言，电气设备的运行状态大致可分为正常运行状态、故障状态、处于有潜在故障的过渡状态等三种。

所谓状态评估指的是运用各种专业理论、实践经验和计算方法通过对设备工作过程中的现象和在线监测数据进行分析，从而对设备的运行状态给出一个合理的评估的过程。状态评估是实现状态检修的基本手段，其主要作用是判断设备的运行状态，对设备的健康指数进行分析，同时结合实际管理需求，提供管理方案决策。具体任务如下：

（1）集中装置投运以来运行数据，建立档案。

（2）判断设备是处于正常状态还是故障状态，根据历史运行数据和已出现过的故障，预测或诊断故障的性质和程度。

（3）对设备的运行状态进行评估，并确定故障的等级，为装置检修或更换的实施提供依据。

状态评估的目的是有效克服传统"定期检修"的缺陷，及时排除故障隐患及解决故障问题，降低设备检修或更换设备的成本，提高设备运行的安全性和可靠性。

作为电气设备的一种，电能计量装置的运行状态除了具备普通电气设备的三种状态以外，由于该设备还具有计量收费的经济特性，它还有一种非正常运行状态——窃电运行方式。虽然窃电运行方式属于设备故障状态的一种，但这种故障运行状态的体现形式和故障特征介于设备的故障状态和潜在故障之间——对于单台电能计量装置而言，设备处于正常运行状态的模式，对于电能计量系统而言则是处于故障运行模式。电能计量装置状态评估必须能够辨识这种运行状态。事实上，由于电力系统的科技进步和技术管理水平的不断提高，设备运行故障的发生率是很低的，而窃电运行方式的发生概率甚至会高于普通故障的发生概率。因此，电能计量装置的运行状态应该分为正常运行状态、故障状态、窃电运行状态、处于有潜在故障的过渡状态等四种，但由于故障状态和窃电运行状态由于电能计量难以做到参数检测在时间上的精确同步，仅利用监测数据进行分析评估时难以分辨，故对于计量自动化主站系统而言，只能将其都归类到故障状态类型，再通过现场检查的方法进一步校核。

电能计量装置状态评估的作用就是根据电能计量装置历史的运行工况数据以及现场检测数据，运用电气工程的专业理论和各种数学分析方法对这些信息进行深度分析，达到准确地掌握电能计量装置在实际环境中的运行情况和发展趋势，及时排除安全隐患，合理安排电能计量装置检验周期，提高电能计量自动化管理水平目的。

电能计量装置的状态评估方法同普通电气设备的评估方法一样，可以应用专业理论知识和专家经验，通过对电能计量装置在运行中的各种现场运行数据进行推理诊断，实现故障诊断与故障预测，从而及时发现故障征兆或已发生故障的位置之所在。

3.2　状态评估中的电工理论方法

电力系统的运行条件一般可以用三组方程式描述，一组微分方程式用来描述系统元件及其控制的动态规律（元件特性），两组代数方程式则分别构成电力系统正常运行的等式和不等式约束条件。等式约束条件是由电能本身性质决定的，即系统发出的有功功率和无功功率应在任一时刻与系统中随即变化的负荷功率（包括传输功率）相同；不等式约束条件涉及供电质量和电力设备安全运行的某些参数，它们应处于安全运行的范围内。

各种电气设备都是电力系统的元件，它们在电网中运行时必须满足相应的等式约束条件和不等式约束条件，这些参数包括电流、电压、功率、相位以及相位差等。通过监测各用电负荷的这些电参数的特性，并根据相应的定理和公式可以对用电设备的运行状态或电能计量数据的可信度进行分析和判断。利用电工理论方法实现对电能计量装置的状态评估的理论依据即在于此。另外，电能计量装置作为一种智能电子设备，利用电子设备的自检方法对其自身的工作状态进行检测也是一种有效手段。

1. 电压约束条件

对于三相系统而言，系统运行时三相线电压满足关系式：

$$u_{AB} + u_{BC} + u_{CA} = 0 \tag{3.1}$$

通过对三相线电压的采样值的求和计算可以判断电压采集单元的工作状态。

另外，由于不同电压等级的供电线路在运行时必须满足 GB 12325—2008《电能质量供电电压偏差》，因此利用不等式约束条件 $U_{max} \geqslant U \geqslant U_{min}$，通过检查电压有效值的计算值是否满足条件也可以判断电压采集单元的工作状态。

2. 电流约束条件

对于三相三线制系统而言，系统运行时三相电流满足关系式：

$$i_A + i_B + i_C = 0 \qquad (3.2)$$

对于三相四线制系统而言，系统运行时三相电流满足关系式：

$$i_A + i_B + i_C = i_0 \qquad (3.3)$$

通过对三相电流的采样值的求和计算可以判断电流采集单元的工作状态。

3. 功率约束条件

对于一个负荷群而言，其负荷总功率与各单个负荷之间满足复功率守恒定理，即：

$$P_\Sigma = \sum P_i, \quad Q_\Sigma = \sum Q_i \qquad (3.4)$$

电能计量系统在各计量结点，如公共连接点等，都安装有计量终端，利用式（3.4），通过对计量总表与各单个负荷计量分表数据的计算，就可发现电能表的故障。

4. 相位及相位差约束条件

电力系统的负载分为阻性、容性和感性三类，负载的电流与电压的相位关系满足：

$$90° \geqslant \varphi_u - \varphi_i \geqslant -90° \qquad (3.5)$$

利用式（3.5）可以判定电能计量装置的安装接线是否正确，另外，三相电流、电压的相位差应该是互差120°也可以作为负荷安装接线正确与否的监测判据。

5. 电流电压综合分析

通过获取的电流和电压采样值，利用阻抗或导纳的定义：

$$Z = \frac{\dot{U}}{\dot{I}} \quad 或 \quad Y = \frac{\dot{I}}{\dot{U}} \qquad (3.6)$$

计算指定回路或支路的阻抗或导纳值，可以对负载的运行状况实现在线监测，如对电压互感器或电流互感器二次回路的在线监测。

6. 六角相量图法

六角相量图法通常被称为六角图法，它是对电能计量装置二次接线是否正确进行检验的有效方法，具有科学、可靠、可在不停电的情况下进行检验等特点，适用于所有的电能计量装置的接线监测分析。

（1）六角图的基本原理。众所周知，交流电路负载两端电压与流经负载的电流之间存在一个相位差，不妨假设负载为感性，图3.1给出了单相交流电路中感性负载的电压和电流相量图。由图3.1可知，单相有功功率为：

$$P = UI\cos\varphi = U(I\cos\varphi) \qquad (3.7)$$

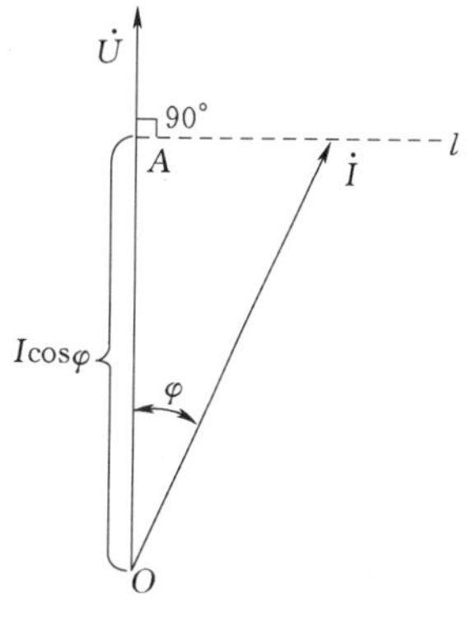

图 3.1 单相交流电路中电压和电流的相量图

式中 $\cos\varphi$ ——功率因数。

也就是说，有功功率 P 等于电压相量 $\dot{U}$ 的模值 U 与电流相量 $\dot{I}$ 的模值 I 在电压轴上投影的乘积。

在现场检测时，通常只测得有功功率 P 和电压 U 的数值，电流 I 和功率因数 $\cos\varphi$ 则无法测出。由式（3.7）可知：

$$Icos\varphi=(1/U)P=KP \tag{3.8}$$

因此，若以 $Icos\varphi$ 为长度，从电压相量的起点沿该方向作 $Icos\varphi$ 个单位长度的线段，终点为 A；以 A 为垂足作电压轴的垂线 l，如图 3.1 所示。垂线 l 便为电流相量 $\dot{I}$ 的箭头的轨迹，可见符合要求的电流相量 $\dot{I}$ 有无数个，若想确定电流相量 $\dot{I}$，现有条件显然不够。

在三相对称电路中，三相电压的相位互差 $120°$，幅值均相等为 U（如图 3.2），因此如果电流相量 $\dot{I}_1$ 与电压相量 $\dot{U}_1$ 的相位差为 φ_1，则电流相量 $\dot{I}_1$ 与电压相量 $\dot{U}_2$ 的相位差为 $\varphi_2=120°-\varphi_1$。$\dot{I}_1$ 与 $\dot{U}_1$ 的有功功率为：

$$P_1=U_1I_1\cos\varphi_1=U(I\cos\varphi_1) \tag{3.9}$$

而 $\dot{I}_1$ 与 $\dot{U}_2$ 的有功功率为：

$$P_2=U_2I_1\cos\varphi_2=U(I\cos\varphi_2) \tag{3.10}$$

故有：

$$I\cos\varphi_1=(1/U)\cdot P_1=K\cdot P_1 \tag{3.11}$$

$$I\cos\varphi_2=(1/U)\cdot P_2=K\cdot P_2 \tag{3.12}$$

因此，以 $I\cos\varphi_1$ 为长度，从电压相量 $\dot{U}_1$ 的起点沿该方向作 $I\cos\varphi_1$ 个单位长度的线段，终点为 A，以 A 为垂足作电压轴的垂线 l_1，垂线 l_1 便为电流相量 $\dot{I}_1$ 箭头的一条轨迹；以 $I\cos\varphi_2$ 为长度，从电压相量 $\dot{U}_2$ 的起点沿该方向作 $I\cos\varphi_2$ 个单位长度的线段，终点为 B，以 B 为终点作电压轴的垂线 l_2，垂线 l_2 便为电流相量 $\dot{I}_1$ 箭头的另一条轨迹。两条垂线的交点便为电流相量 $\dot{I}_1$ 的箭头，如图 3.2 所示。

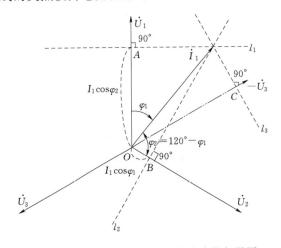

图 3.2　三相对称电路中电压和电流的相量图

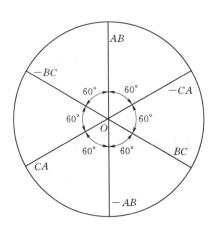

图 3.3　六角图

高压电能表所测量的电压都是线电压，即 U_{AB}、U_{BC}、U_{CA}。因此六角图上所标示的都是线电压。六角图的具体制法是：以三相对称电路的线电压 AB、BC、CA 的相量，其始端交点为 O，分别向其反向延长与原电压相同长度，并分别标记为 $-AB$、$-BC$、$-CA$，可得到六个相量；将每个相量的箭头去掉，并用圆心在 O、半径为线电压的圆将六个相量围起来，便得到了六角图，如图 3.3 所示。可见，六角图中共有 6 块区域，每块区域的圆心角为 60°。

在现场测量中，有功功率是可以通过瓦特表测出来的，而 $U_1 = U_2 = U_3 = U$ 的数值是已知的。因此，利用上述方法，利用瓦特表，分别测出黄线（A 相）电流所对应的有功功率 P_{1AB}、P_{1BC} 和 P_{1CA}；绿线（B 相）电流所对应的有功功率 P_{2AB}、P_{2BC} 和 P_{2CA}；红线（C 相）电流所对应的有功功率 P_{3AB}、P_{3BC} 和 P_{3CA}。再利用上述测定电流相量的方法，用成比例的线段将各相电流对应的有功功率分别在 $\dot{U}_1$、$\dot{U}_2$ 和 $\dot{U}_3$ 上画出并作出垂线，其交点便为各相电流相量的箭头。此即为传统六角图法的检测原理。

六角图也可以采用双表法进行绘制并检测二次接线。相比采用瓦特表进行测量的方法，双表法是采用两个单相标准电能表来测试高压电能计量装置的二次接线的六角图，也具有方便、可靠等特点。限于篇幅，本书所采用的实例数据均是采用瓦特表法测量得到的。对于双表法的测试实例，感兴趣的读者可以参考相关书籍。

（2）六角图法在线检测方法。由上述对传统六角图法检测原理的介绍可以看出，传统六角图法是通过功率表利用换相测量不同相之间的有功功率的方法实现对接线正确性的检测的，显然不能直接将该方法用于远程在线监测。但考虑到六角图法的核心思想是通过对各相电压的相位关系以及各相电流的转动范围的分析实现对接线正确性的评判的，而电能计量自动化系统能够通过依照 DL/T 645—2007《多功能电能表通信协议》规范生产安装的电能计量装置获得每个电力负荷的电流、电压、瞬时有功功率、瞬时无功功率、总功率因数及各相功率因数、各相的电压和电流的相位角、有功电量、无功电量等数据，因此，基于传统六角图法的设计思想，可以利用这些数据实现对电能计量装置接线正确性的检测。具体实现过程如下：

1）由功率因数可以计算出电流与电压的相位差，由瞬时无功功率性质可以知道电流是超前还是滞后。

2）由瞬时有功功率和瞬时无功功率的数值根据图 3.4 可以确定用户的用电性质，即是向系统发电还是从系统用电。

3）由于电流与电压信号采集的参考方向是固定的，故如果是发电，电压与电流的相位差 $\Delta\varphi$ 应满足等式 $90° < \Delta\varphi < 270°$；如果是用电，则相位差应满足 $-90° < \Delta\varphi < 90°$。图 3.5 给出了在用电条件下的各相电流与电压之间的相位关系（如果是发电状态，将电流相量旋转 $180°$ 即可）。

4）根据电能计量系统获取的相位角数据计算，判断被检测的电能计量装置的接线正常否。

5）另外，考虑到电能质量标准中关于功率因数的要求，实际上电流电压之间的相位差应该在更小的范围内变化。以三相四线制的居民用电负荷为例，通常要求功率因数至少在

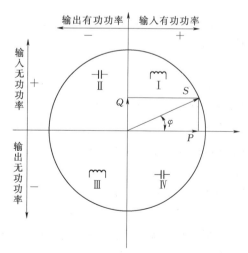

图 3.4　四象限功率特性图

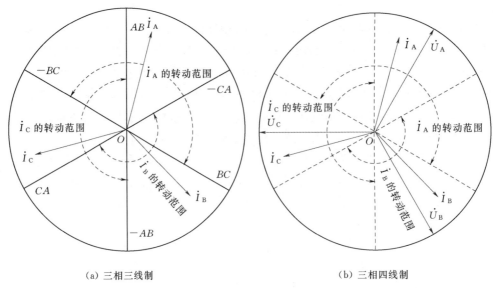

(a) 三相三线制　　　　　　　　　　(b) 三相四线制

图 3.5　用电条件下的电流电压相量关系特性图

0.85 以上，这也就意味着 $|\varphi_u - \varphi_i| \leqslant 31.8°$，如果出现了超过该值的情况，就应该去检查电能计量装置的运行情况。

7. 电子设备自检技术

电能计量自动化系统是电子技术、通信技术和自动化技术发展的产物，是基于电子技术构成的一个检测与通信平台，因此运用电子设备的自检技术对其运行状态进行定期的自我诊断也是一种有效的手段。这些方法可以对系统中的如下电子器件实现状态监测：

（1）CPU 的自检。通过对一个已知运行时间的程序的运行时间的测试，利用定时器检测判断其工作状态是否正常。

（2）A/D 转换器的自检。对各个采样通道，可以通过对某个已知输入参数（如电源电压）的采样输出与标准输出的比较，判断 A/D 转换器的工作正常与否；也可通过对已知计算结果的某些输入参数（如星形接法的三相电流采样值）的运算，判断 A/D 转换器的状态。

（3）ROM 的自检。通过读取 ROM 中的内容并对每一位进行位运算，再将运算结果与已知数值比较的"奇（偶）校验字法"，或者通过读取 ROM 中的内容并对每一个字节进行求和运算，再将求和运算结果的尾数与已知数值比较的"求和尾码校验法"，均可实现对 ROM 器件工作状态的检验。

（4）RAM 的自检。通过向 RAM 写入某个数（如 5AH 等），再读出该数的方法，可以检测 RAM 的运行状态。

（5）通信信道的自检。通过收发双发定期完成一次已知通信内容的通信，即可检验通信信道的工作状态。另外，设备之间能否正常通信，利用无线通信流量统计也可作为判别终端与主站的通信是否正常的手段。应该强调的是：双方通信时传输的不仅是电能数据，还包括电能表的运行状态信息。当电能表发生辅助电源故障、参数修改、人工修改数据以及自检故障等异常情况时，电能计量终端通过与电能表的通信能及时获悉并产生告警。

（6）电池电压的自检。作为辅助电源，电能计量终端主模块内的电池用于在工作电源故障时保存 RAM 中的数据和参数。如果工作电源故障时电池也失效，电能计量终端的参数被删除，需要重新配置参数才能运行；同时，存储的数据也全部被删除，如果这部分数据未及时传送到主站，将造成数据丢失。电池工作状态的监测可以通过图 3.6 所示的电压比较电路实现，也可以利用图 3.7 所示电路完成报警功能。

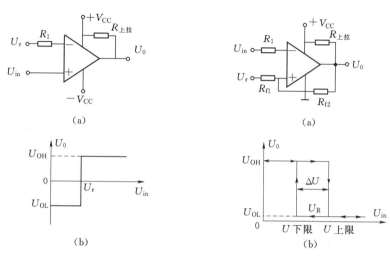

图 3.6　电池失压报警电路（一）　　图 3.7　电池失压报警电路（二）

（7）工作电源故障。由于工作电源故障时，电能计量装置的所有功能都丧失，因此通过电能计量装置本身是无法解决这个问题的。可以将一个信号继电器并入电源回路，将电源电压转换成节点信号，以节点状态表示电源的状态，通过远程终端装置（RTU）或者当地计算机监控系统与网调 SCADA/EMS 系统实时通信，传输遥测、遥信数据的方式完成。

通过电工理论的方法，可以实时监测电能计量系统的运行状态，及时发现设备的运行故障，但依据这些数据分析方法，只能对这些大量数据进行初步的分析，而对蕴含在数据中的反映电网时间、空间运行规律的丰富信息难以发现，将导致大量的电网监测数据的信息资源浪费严重，因此，利用数据挖掘技术提取海量电气数据中的有用信息，进而分析电网运行规律，是一种有益的尝试。

利用数据挖掘技术，通过人工智能、机器学习、模式识别、统计学等分析方法，从大量的、随机的、不完全的、有噪声的数据中揭示出隐含的、人们先前未知的但又有潜在价值的信息，发现电能计量数据中一些隐藏的时间、空间以及时空之间的规律，能够为分析电网运行机理提供新的依据，如合理公平用电、用户能效分析、需求响应、用电建议、电压无功补偿动态监测以及降损节能等高级用电服务。

本书的宗旨是介绍电能计量装置的状态监测技术与性能评估方法，因此，讨论的重点是保证计量装置的可靠性和准确性，促进用电的公平合理问题。数据挖掘技术是状态监测与性能评估最重要的理论基础。

3.3 基于数学评估方法的状态分析技术

电力用户因其工作特性和生活特性的差异，在电能使用过程中具有随机性，利用数学工具通过对用电过程中的相关参数检测数据的统计分析是数据挖掘方法的基本方法之一。数据挖掘是一种信息处理技术，是从大量数据中分析提取出隐含的、由直接的数据反映不出来的对决策有价值的知识的一个过程，其目的是从已知的数据中发现新的有规律的信息和知识，以对所研究对象有更深层次的认识，从而应用这些知识和规则建立用于决策支持的模型，实现对研究对象未来发展趋势的有效预测和评估，进而辅助科学决策。

数据挖掘技术的基本功能主要体现在分类与回归、聚类分析、关联规则、时序模式和异常检测等五个方面；数据挖掘的可以过程分为明确问题、数据收集和预处理、数据挖掘、结果解释和评估等四个阶段；数据挖掘的思想和技术来源于统计学、人工智能、模式识别、信息论、信号处理、可视化和信息检索等学科。

数据统计是状态评估的基础，数据挖掘中的技术有相当一部分是用统计学中的多变量分析方法实现的。从理论来源而言，数据挖掘与统计分析在很多情况下是同根同源的。数据挖掘利用统计学的抽样、估计和假设检验的方法以及人工智能、模式识别和机器学习的搜索算法、建模技术和学习理论等领域的思想，通过计算机具有的海量存储能力和并行高速计算性能实现对隐含的深层次规律的认知。本节将介绍适用于电能计量装置状态评估的几个数学统计和分析方法。

3.3.1 数据相似度分析法

相似度是衡量变量间相互关系强弱、联系紧密程度的度量参数。在数据分析和数据挖掘的过程中，对数据的相似度进行度量并对其进行分析，找出数据集中异常于大部分数据的异常点是数据挖掘技术的基本方法。

对象与属性是相似度度量的基本组成部分。数据集由对象组成，可以是物理对象（如电能），也可以是抽象对象（如运行状态）；属性表述对象特征的一个变量（如电流、电压等），可以是只有 0 和 1 两个状态的二元型、顺序多值型（如运行状态评估中的多种状态类型）或用具体数值表示的数值型。具有多个属性的两个对象间的相似度通过其各单个属性的相似度组合进行度量。相似性的度量一般通过归一化的处理使其取值在区间 $[0，1]$ 之间，值越大，说明两个对象越相似。

针对不同类型的应用和数据类型有不同的相似度度量方法，传统的相似度度量方法有距离度量和相似系数度量两种。

1. 距离度量

在数据分析和数据挖掘的过程中，我们经常需要知道个体间差异的大小，进而评价个体的相似性和类别。距离测度是衡量个体差异的有效工具之一。距离度量（Distance）用于衡量个体在空间上存在的距离，距离越远说明个体间的差异越大。两向量的距离测度的方法有很多种，一般二元型变量的距离应满足下面的性质。

设向量 x 和 y 的距离为 $d(x,y)$，则：

（1）$d(x,y) \geqslant 0$，当且仅当 $x=y$ 时，等号成立。

(2) $d(x,y)=d(y,x)$。

(3) $d(x,y) \leqslant d(x,z)+d(z,y)$。

其中：$x=(x_1,x_2,x_3,\cdots,x_n)^{\mathrm{T}}$，$y=(y_1,y_2,y_3,\cdots,y_n)^{\mathrm{T}}$，$z=(z_1,z_2,z_3,\cdots,z_n)^{\mathrm{T}}$。

工程中常用的几种距离测度如下：

(1) 欧氏距离（Euclidean Distance，欧几里得距离，简称欧氏距离）。欧氏距离是最常用的距离度量，衡量的是多维空间中各个点之间的绝对距离。其定义为：

$$d(x,y) = \sqrt{\sum_{i=1}^{n}(x_i - y_i)^2} \tag{3.13}$$

当 y 是 0 向量时，$d(x)$ 表示通常意义下的长度，定义为：$d(x,y) = \sqrt{\sum_{i=1}^{n}x_i^2}$。因为计算是基于各维度特征的绝对数值，所以欧氏度量需要保证各维度指标在相同的刻度级别。

(2) 明氏距离（Minkowski Distance，明可夫斯基距离，简称明氏距离）。明氏距离是欧氏距离的推广，是对多个距离度量公式的概括性的表述。其定义为：

$$d(x,y) = \sqrt[m]{\sum_{i=1}^{n}(x_i - y_i)^m} \tag{3.14}$$

它是距离的通用形式。当 $m=2$ 时即为欧氏距离的表达式。明氏距离的值与各指标的量纲有关。明氏距离的定义没有考虑各个变量之间的相关性和重要性。实际上，明可夫斯基距离是把各个变量都同等看待，将两个样品在各个变量上的离差简单地进行了综合。

(3) 曼哈顿距离（Manhattan Distance）。曼哈顿距离来源于城市区块距离，是将多个维度上的距离进行求和后的结果，是明氏距离当 $m=1$ 时的特殊形式。其定义为

$$d(x,y) = \sum_{i=1}^{n}|x_i - y_i| \tag{3.15}$$

(4) 马氏距离（Mahalanobis Distance，马哈拉诺比斯距离，简称马氏距离）。由于欧氏距离的计算要求各维度指标在相同的刻度级别下进行，所以在使用欧氏距离之前需要对底层指标进行数据的标准化，而基于各指标维度进行标准化后再使用欧氏距离就衍生出来另外一个距离度量——马氏距离。其定义为：

$$d(x,y) = \sqrt{(x_i - y_i)^{\mathrm{T}}\Sigma^{-1}(x_i - y_i)} \tag{3.16}$$

式中，Σ 表示 x 和 y 的协方差矩阵，$\Sigma = \mathrm{Cov}(x,y) = \dfrac{\sum\limits_{i=1}^{n}(x_i - \overline{x})(y_i - \overline{y})}{n-1}$。

马氏距离表示数据的是协方差距离。它表明了两个服从同一分布并且其协方差矩阵为 Σ 的随机变量的差异程度。在计算马氏距离过程中，要求总体样本数大于样本的维数，否则得到的总体样本协方差矩阵逆矩阵不存在。马氏距离的优点在于它不受量纲的影响，两点之间的马氏距离与原始数据的测量单位无关，由标准化数据和中心化数据（即原始数据与均值之差）计算出的二点之间的马氏距离相同，可以排除变量之间的相关性的干扰。其缺点是夸大了变化微小的变量的作用。马氏距离又称为广义欧氏距离。

(5) 杰斐瑞和马突斯塔距离（Jffreys & Matusita Distance）。其定义为：

$$d(x,y) = \sqrt{\sum_{i=1}^{n} \left(\sqrt{x_i} - \sqrt{y_i} \right)^2} \qquad (3.17)$$

（6）Camberra 距离（Lance 距离、Williams 距离）。其定义为：

$$d(x,y) = \sum_{i=1}^{n} \frac{|x_i - y_i|}{|x_i + y_i|} \qquad (3.18)$$

Camberra 距离是一个自身标准化的量，由于它对大的奇异值不敏感，这样使得它特别适合于高度偏倚的数据。虽然这个距离有助于克服明氏距离的第一个缺点，但它也没有考虑指标之间的相关性。

由以上几种距离测度的定义可知，Minkowsky 距离是距离的通用形式，Euclidean 距离和 Manhattan 距离都是其特殊形式。其中，Manhattan 距离运算量较低，简单明了，对于向量中的每个元素的误差都同等对待。而 Euclidean 距离在一定程度上放大了较大元素误差在距离测度中的作用，被各个领域广泛应用。Jffreys 距离是在 Euclidean 距离的基础上放大了较小元素误差在距离测度中的作用，对 Euclidean 距离有所修正。Camberra 距离做了自身的标准化，考虑到了元素误差占本身的比重，特别适合于高度偏倚的数据。Mahalanobis 距离与上述几种距离不同，它考虑到了向量中各个元素之间的相关性。如果假定向量中各个元素相互独立，即向量的协方差矩阵是对角矩阵，则 Mahalanobis 距离就退化为 Euclidean 距离，因此，Mahalanobis 距离又称为广义 Euclidean 距离。

2. 相似系数度量

在对变量进行分类时，常常采用相似系数来度量变量之间的相似性。相似系数越大（或其绝对值越大），认为变量之间的相似程度就越高；反之则越低。相似性函数是用函数的方法来表征两向量相似程度的一种分析手段。根据向量中元素的不同，相似性函数可分为二元向量的相似性函数和一般向量的相似性函数。

（1）二元向量的相似性函数。二元向量的相似性函数也可称作匹配测度。只有 0 和 1 两个状态的变量称为二元变量，由二元变量组成的向量叫做二元向量。二元变量分为对称的和非对称的两种。如果二元变量的两个状态是同等价值的，具有同样的权重，那么称其为对称的二元变量，否则称为不对称的二元变量。

设 x 和 y 为二元向量，$x = (x_1, x_2, x_3, \cdots, x_n)^T$，$y = (y_1, y_2, y_3, \cdots, y_n)^T$，则这两个向量匹配数目的定义为：

$$a = \sum_{i=1}^{n} x_i y_i ; b = \sum_{i=1}^{n} y_i (1 - x_i) ; c = \sum_{i=1}^{n} x_i (1 - y_i) ; d = \sum_{i=1}^{n} (1 - x_i)(1 - y_i)$$

式中　a——向量 x 和 y 的（1-1）匹配的数目；

　　　b——向量 x 和 y 的（0-1）匹配的数目；

　　　c——向量 x 和 y 的（1-0）匹配的数目；

　　　d——向量 x 和 y 的（0-0）匹配的数目。

一般二元向量的匹配测度方法如下：

1）简单匹配系数（SMC）。

$$\text{sim}(x,y) = \frac{a+d}{a+b+c+d} \qquad (3.19)$$

简单匹配系数的分子为 (1-1) 和 (0-0) 匹配的数目之和，分母为所有数目之和。用于分析对称的二元向量。

2）Jaccard 系数（Tanimoto 系数）。

$$\mathrm{sim}(x, y) = \frac{a}{a+b+c} \tag{3.20}$$

Jaccard 系数无论是分子还是分母都完全不考虑 (0-0) 的匹配，常用来处理非对称的二元向量。

3）Dice 系数。

$$\mathrm{sim}(x, y) = \frac{2a}{2a+b+c} \tag{3.21}$$

Dice 系数也是分子、分母都不考虑 (0-0) 的匹配，同时对 (1-1) 匹配进行加权，体现了对 (1-1) 匹配的重视。

（2）一般向量的相似性函数。一般向量的相似性函数较距离测度在数据统计分析中应用更为广泛，余弦相似度则是最常用的相似度度量。基于余弦相似度的评估方法衍生了多种相似性函数的建立方法，如夹角余弦法、相关系数法、广义 Dice 系数法、广义 Jaccard 系数法等。

1）夹角余弦法。夹角余弦是从向量集合的角度所定义的一种测度变量之间亲疏程度的相似系数，即用向量空间中两个向量夹角的余弦值作为衡量两个个体间差异的大小。设 x 和 y 为具有 n 维空间向量的变量，$x=(x_1, x_2, x_3, \cdots, x_n)^{\mathrm{T}}$，$y=(y_1, y_2, y_3, \cdots, y_n)^{\mathrm{T}}$，则夹角余弦的表达式为：

$$\mathrm{sim}(x, y) = \cos(x, y) = \frac{\sum_{i=1}^{n}(x_i y_i)}{\sqrt{\left(\sum_{i=1}^{n} x_i^2\right)\left(\sum_{i=1}^{n} y_i^2\right)}} \tag{3.22}$$

夹角余弦的几何意义是在由 n 个元素组成的 n 维空间中，表征两个向量之间夹角的余弦值。一般在使用前需要对向量中的各元素进行无量纲化处理，使各元素都为正，这时夹角余弦的取值范围为 $[0, 1]$，取值越大，表明两向量间的夹角越小，两者越接近，值为 1 时，两向量完全相同。另外，夹角余弦规范化了向量的长度，这意味着在计算相似度时，不会放大数据对象重要部分的作用。相比距离度量，余弦相似度更加注重两个向量在方向上的差异，而不是在距离或长度上的差异。

2）相关系数法。相关系数法是通过计算两向量的相关系数表征两向量的相似程度。其计算公式为：

$$\mathrm{sim}(x, y) = r(x, y) = \frac{\sum_{i=1}^{n}(x_i - \overline{x_i})(y_i - \overline{y_i})}{\sqrt{\sum_{i=1}^{n}(x_i - \overline{x_i})^2 \cdot \sum_{i=1}^{n}(y_i - \overline{y_i})^2}} \tag{3.23}$$

式中　$\overline{x_i}$、$\overline{y_i}$——变量 x 和 y 第 i 维空间的数学期望值。

相关系数是多元统计学中用来衡量两组变量之间线性密切程度的无量纲指标，取值范围为 $[-1, 1]$。分为正相关、不相关和负相关 3 类情况。通常在计算时，还要经过一定的处理，将负相关与正相关合并到一起，这时它的取值范围为 $[0, 1]$，值越大相关性越强，当值为 1 时，两向量完全相同。从式（3.22）可以看出相关系数是中心化的夹角余弦，性质与夹角余弦相似。

工程应用中，通常将上式变形为下式进行相关性运算：

$$\text{sim}(x, y) = r(x, y) = \frac{n\sum xy - \sum x\sum y}{\sqrt{\left[n\sum x^2 - (\sum x)^2\right] \cdot \left[n\sum y^2 - (\sum y)^2\right]}} \tag{3.24}$$

即分别对 x 和 y 基于自身总体标准化后计算空间向量的相关系数，称为皮尔森相关系数（Pearson Correlation Coefficient）。

3）广义 Dice 系数法。广义 Dice 系数是对前面提到的 Dice 系数的应用推广，定义为：

$$\text{sim}(x, y) = \frac{2\sum_{i=1}^{n} x_i y_i}{\sum_{i=1}^{n} x_i^2 + \sum_{i=1}^{n} y_i^2} \tag{3.25}$$

可见，广义 Dice 系数与夹角余弦有些相似之处，两种方法分子相同，区别在于广义 Dice 系数的分母用的是两个向量长度平方的算术平均：$\dfrac{d^2(x) + d^2(y)}{2}$，而夹角余弦的分母是几何平均：$\sqrt{d^2(x)d^2(y)}$。

4）广义 Jaccard 系数法。广义 Jaccard 系数与上面的广义 Dice 系数很相近，是在广义 Dice 系数的分子和分母同时减去两向量的内积，性质与 Dice 系数也很相近。其计算公式为：

$$\text{sim}(x, y) = \frac{2\sum_{i=1}^{n} x_i y_i}{\sum_{i=1}^{n} x_i^2 + \sum_{i=1}^{n} y_i^2 - \sum_{i=1}^{n} x_i y_i} \tag{3.26}$$

以上几种一般向量的相似性函数，都是在夹角余弦的基础上的演变。实际应用中，夹角余弦和相关系数法用得较多。

（3）相似度函数方法对比。相似理论从现象发生和发展的内部规律性（数理方程）和外部条件（定解条件）出发，以这些数理方程所固有的在量纲上的齐次性以及数理方程的正确性不受测量单位制选择的影响等为大前提，通过线性变换等数学演绎手段而得到各自方法的结论。一般说来，同一批数据采用不同的相似度测度指标，会得到不同的分类结果。产生不同结果的原因主要是由于不同的相似度测度指标所衡量的亲疏程度的实际意义不同，也就是说，不同的相似度测度指标代表了不同意义上的相似程度。

前述各种相似度函数方法的特性见表 3.1。

表 3.1　　　　　　　　　　　　　相似度函数方法特性简表

方法名称	参考变量	优 缺 点 分 析
简单匹配系数	二元向量	用于分析对称的二元向量
Jaccard 系数	二元向量	不考虑（0-0）的匹配，常用来处理非对称的二元向量
Dice 系数	二元向量	不考虑（0-0）的匹配，同时对（1-1）匹配进行加权，体现了对（1-1）匹配的重视，常用来处理非对称的二元向量

续表

方法名称	参考变量	优缺点分析
夹角余弦	一般向量	表征两个向量之间夹角的余弦值，规范化了向量的长度。但在计算相似度时，不会放大数据对象重要部分的作用
相关系数	一般向量	相关系数是多元统计学中用来衡量两组变量之间线性密切程度的无量纲指标，是中心化的夹角余弦，性质与夹角余弦相似
广义 Dice 系数	一般向量	与夹角余弦有些相似，改两向量长度平方的几何平均为算术平均
广义 Jaccard 系数	一般向量	广义 Dice 系数的基础上，分子分母同时减去两向量的内积

距离度量法和相似系数法有各自的计算方式和衡量特征，分别适用于不同的数据分析模型：欧氏距离能够体现个体数值特征的绝对差异，所以更多的用于需要从维度的数值大小中体现差异的分析，如使用用户行为指标分析用户价值的相似度或差异；而余弦相似度更多的是从方向上区分差异，而对绝对的数值不敏感，更多的用于使用用户对内容评分来区分用户兴趣的相似度和差异，同时修正了用户间可能存在的度量标准不统一的问题。

3.3.2 聚类分析

聚类分析是基于数据的建模过程，其处理对象是数据集，处理的结果是关于数据聚类模式分布的知识。聚类分析在数据准备、特征生成工作的基础上，实现聚类模式的发现、验证、评价和优化等工作，努力反映隐藏于数据间的知识。从严格意义上来说，数据相似度分析法也是聚类分析的一种变异形式。

所谓聚类就是给定包含 n 个数据对象的数据库和所要形成的聚类个数 $k(k<n)$，划分算法将对象集合划分为 k 份，其中每个划分均代表一个聚类，所形成的聚类将使得一个客观划分标准（如距离等）最优，从而使得一个聚类中的对象是"相似"的，而不同聚类中的对象是"不相似"的。聚类与分类的不同在于，聚类所要求划分的类是未知的。

1. 聚类分类方法

聚类算法可以分为划分聚类方法、层次聚类方法、基于密度的聚类方法和基于网络的聚类方法。

（1）划分聚类方法（Partitioning Clustering Method）。划分聚类方法是通过从数据集中选择几个对象作为聚类的原型，然后利用一个循环定位技术通过将对象从一个划分移到另一个划分来帮助改善划分质量，达到聚类的目的。根据所采用的原型的不同，聚类方法主要分为 k‐means 和 k‐medoid 两大类方法。

该类方法的主要优点是复杂度较低，对处理大数据集是相对可伸缩和高效的。其缺点是该类算法要求事先给出将要生成的簇的数目 k，这就与聚类算法的初衷相矛盾了，并且 k 个初始点的选择对聚类结果影响也很大。此外，该类算法只能发现非凹的球状簇，对于噪声数据很敏感。

（2）层次聚类方法（Hierarchical Clustering Method）。层次聚类方法是通过创建一个层次对给定的数据集进行分解达到聚类的目的，该方法可以分为自上而下（分解）和自下而上（合并）两种操作方式。为弥补分解与合并的不足，层次合并经常要与其他聚类方法相结合，如循环定位。层次聚类方法采用一种迭代控制策略，使聚类逐步优化，它是按照一定的相似性判断标准，合并最相似的部分或者分割最不相似的部分。

典型的这类方法包括：

1）BIRCH（Balanced Iterative Reducing and Clustering using Hierarchies）方法，通过利用树的结构对对象集进行划分；再利用其他聚类方法对这些聚类进行优化的方法。

2）CURE（Clustering Using Repristentatives）方法，它利用固定数目代表对象来表示相应聚类；然后对各聚类按照指定量（向聚类中心）进行收缩。

3）ROCK 方法，利用聚类间的连接进行聚类合并。

4）CHEMALOEN 方法，则是在层次聚类时构造动态模型等。

（3）基于密度的聚类方法（Density – Based Clustering Method）。基于密度的聚类方法是以局部数据特征为聚类判断标准的，它将对象密集的区域作为一个类，从而形成的类的形状是任意的，且类中对象的分布也是任意的。其主要思想是：只要邻近区域的密度（对象或数据点的数目）超过某个阈值，就继续聚类。也就是说，对给定类中的每个数据点，在一个给定范围的区域内必须至少包含某个数目的点。这样的方法可以过滤"噪声"数据，发现任意形状的类。

典型的基于密度方法包括：

1）DBSCAN（Density – based Spatial Clustering of Application with Noise）。该算法通过不断生长足够高密度区域来进行聚类；它能从含有噪声的空间数据库中发现任意形状的聚类。此方法将一个聚类定义为一组"密度连接"的点集。

2）OPTICS（Ordering Points To Identify the Clustering Structure）。该算法并不明确产生一个聚类，而是为自动交互的聚类分析计算出一个增强聚类顺序。

（4）基于网格的聚类方法（Grid – based Clustering Method）。基于网格的方法首先将对象空间划分为有限个单元以构成网格结构；然后利用网格结构完成聚类。这种方法的优点是由于基于网格的聚类方法与网格的数目有关，而不依赖于对象的数目，因此处理速度快，但聚类结果的精确性不够高。

典型的基于网格方法包括：利用网格单元保存的统计信息进行基于网格聚类的 STING（STatistical INformation Grid）法、基于网格与基于密度相结合的 CLIQUE（Clustering In QUEst）法和 Wave – Cluster 法。

（5）基于模型的方法。它假设每个聚类的模型并发现适合相应模型的数据。典型的基于模型方法包括：

1）COBWEB 法。这是一个常用的且简单的增量式概念聚类方法。它的输入对象是采用符号量（属性-值）对来加以描述的。采用分类树的形式来创建一个层次聚类。

2）CLASSIT 法：该方法是 COBWEB 的另一个版本。它可以对连续取值属性进行增量式聚类。它为每个结点中的每个属性保存相应的连续正态分布（均值与方差）；并利用一个改进的分类能力描述方法，即不像 COBWEB 那样计算离散属性（取值）和而是对连续属性求积分。

这些传统的聚类算法已经比较成功地解决了低维数据的聚类问题。但是由于实际应用中数据的复杂性，在处理许多问题时，现有的算法经常失效，特别是对于高维数据和大型数据的情况。因为传统聚类方法在高维数据集中进行聚类时，主要遇到两个问题：①高维数据集中存在大量无关的属性使得在所有维中存在簇的可能性几乎为零；②高维空间中数据较低维空间中数据分布要稀疏，其中数据间距离几乎相等是普遍现象，而传统聚类方法是基于距离进行聚类的，因此在高维空间中无法基于距离来构建簇。

高维聚类分析已成为聚类分析的一个重要研究方向，同时高维数据聚类也是聚类技术的难点。随着技术的进步使得数据收集变得越来越容易，导致数据库规模越来越大、复杂性越来越高，如各种类型的贸易交易数据、Web 文档、基因表达数据等，它们的维度（属性）通常可以达到成百上千维，甚至更高。但是，受维度效应的影响，许多在低维数据空间表现良好的聚类方法运用在高维空间上往往无法获得好的聚类效果。高维数据聚类分析是聚类分析中一个非常活跃的领域，同时它也是一个具有挑战性的工作。目前，高维数据聚类分析在市场分析、信息安全、金融、娱乐、反恐等方面都有很广泛的应用。

2. 聚类划分方法

聚类划分方法有很多，如 k-means、k-medoids、CLARA、CLARANS 等。下面对两种基本的划分方法 k-means 和 k-medoids 的实现过程简介如下。

（1）k-means 算法。k-means 算法即 k 均值算法。其基本思想是：要将 n 个对象分成 k 类，首先随机地选择 k 个对象代表 k 个类的中心，依据距离最小原则将其他对象分配到各个类中。在完成首次对象的分配后，以每一个类中所有的对象的各属性均值作为该类的新中心，进行对象的再分配。重复该过程直到聚类中心没有任何变化为止，从而得到最终的 k 个类。

其数学表述是：给定 n 个数据点的集合 A，$A=\{A_1, A_2, \cdots, A_n\}$，聚类划分的目标是从集合 A 中找到 k 个聚类 B，$B=\{B_1, B_2, \cdots, B_k\}$，使每一个点 A_i 被分配到唯一的一个聚类 B_j。其中，$i=1$，2，$\cdots$，n；$j=1$，2，$\cdots$，k。

对分类对象计算相似度比较常用的方法是距离度量，一般选用欧式距离。d 维样本空间 D 中的任意两个数据元素 X、Y，在数值属性条件下，可以方便地计算出两者之间的距离。

k-means 算法的计算步骤是：

1）随机选取 k 个对象 $A_j \in B$ 作为初始类中心。

2）把每个数据分配到离类中心距离最近的类中。

3）计算新类的平均值，并重复 2），直到平均值不再改变为止。

k-means 聚类算法的每一个聚类可以仅由该类的中心向量和点数表示，实现方便、内存使用率低。其算法简单、易于解释，且时间复杂度和数据集大小呈线性关系。当数据集较大时，k-means 算法的执行效率比较低，对大数据集的扩展性比较差。

（2）k-medoids 算法。k-medoids 算法即 k 中心点算法。假设有 n 个对象需要分成 k 类，k-medoids 算法是采用数据集中任意数据点作为 k 个类的中心，并且按照一定的标准使聚类的质量达到最好的 k 个对象。在 k-medoids 算法中，首先选择任意 k 个对象代表 k 个类的中心，根据距离最小原则将其他对象分配到各个类中。然后选取每个类中接近类中心的一个对象表示新的 k 个类中心，反复迭代运算，得到最终聚类结果。

k-medoids 算法的计算步骤为：

1）随机选取 k 个对象 $A_j \in B$ 作为初始类中心。

2）把每个数据分配到离类中心距离最近的类中。

3）计算新类的任意对象与原类中心对象的变换成本 ΔE，若 ΔE 为负值则交换两个对象并跳转 2），若 ΔE 为正值则重复 3），若 ΔE 为零则得到聚类最终结果。其中 $\Delta E = E_2 - E_1$。

CLARA（Clustering Large Application，聚类大型应用）算法、CLARANS（Clustering Large Application based on Randomized Search，基于随机搜索的聚类大型应用）算法以及 PAM（Partitioning Around Medoids，围绕中心点的划分）算法等，都是常见的 k-medoids 算法。

3.3.3　偏最小二乘回归

偏最小二乘回归是一种用于解决多元数据统计分析问题的方法，它集成了多元线性回归分析、典型相关分析和主成分分析的基本功能，又被称为第二代回归分析方法。近年来，该分析方法得到迅速发展，应用范围也涉及电力、水文、建筑、社会等诸多领域。该方法在统计应用中的优点在于：

（1）用于回归建模的变量集合内部相关性较强时，偏最小二乘回归分析方法的结论更加可靠。

（2）能够解决许多普通多元回归方法无法解决的问题，适用范围更广，如最小二乘法进行回归时存在的自变量多重相关问题。

（3）同时实现回归建模、数据结构简化以及两组变量间的相关分析，是多元统计数据分析中的一个飞跃。

1. 理论基础与实现步骤

对于数据总体能够满足高斯-马尔可夫假设条件的一组因变量 $Y = \{y_1, \cdots, y_n\}_{m \times n}$ 和一组自变量 $X = \{x_1, \cdots, x_n\}_{m \times n}$，利用最小二乘法对 X 和 Y 进行回归计算的系数矩阵为 $B_{xy} = (X^T X)^{-1} X^T Y$，式中上标"$T$""$-1$"分别代表矩阵的转置和求逆操作，以下公式的表述含义相同。在 B_{xy} 基础上可得到因变量估计值的计算表达式 $\hat{Y} = X(X^T X)^{-1} X^T Y$。从 $\hat{Y}$ 的计算式中可看出，矩阵 $(X^T X)$ 必须可逆。所以，当 X 中的变量存在严重的多重相关性时，根本无法求出因变量估计值或者估计值中包含大量误差。而偏最小二乘回归有效解决了这类问题，其基本步骤如下：

（1）数据标准化处理。自变量 $X = \{x_1, \cdots, x_n\}_{m \times n}$、因变量 $Y = \{y_1, \cdots, y_n\}_{m \times n}$ 经标准差标准化处理后的数据矩阵记为 $E_0 = (E_{01}, \cdots, E_{0n})$ 和 $F_0 = (F_{01}, \cdots, F_{0n})$。其中，对矩阵 X、Y 的第一列 m 个数据进行标准差标准化的见公式如下。

$$\begin{cases} E_{01} = \dfrac{X_1 - \text{mean}(X_1)}{\text{std}(X_1)} \\ F_{01} = \dfrac{Y_1 - \text{mean}(Y_1)}{\text{std}(Y_1)} \end{cases} \tag{3.27}$$

式中　E_{01}、F_{01}——标准化矩阵 E_0 和 F_0 的第一列；

　　　X_1、Y_1——矩阵 X、Y 的第一列；

　　　mean——平均值运算；

　　　std——标准差运算。

（2）提取自变量标准化后矩阵 E_0 的第一个成分 c_{t1}。其中，$c_{t1} = E_0 c_{w1}$，c_{w1} 是 E_0 的第一个轴，它是一个单位向量，即 $\| c_{w1} \| = 1$，成分 c_{t1} 是标准化变量 E_{01}、$\cdots$、E_{0n} 的线性组合，是对原信息的重新调整；从因变量标准化后矩阵 F_0 中提取第一个成分 c_{u1}，即 $c_{u1} = F_0 c_{c1}$。其中，c_{c1} 的模值 $\| c_{c1} \| = 1$，表示 F_0 的第一个轴。

为使 E_0、F_0 的第一个成分 c_{t1}、c_{u1} 能分别很好地代表 X 与 Y 中的数据变异信息，且第一成分 c_{t1}、c_{u1} 之间要求 c_{t1} 对 c_{u1} 有最大的解释能力，即为要求 c_{t1} 与 c_{u1} 的协方差达到最大，即：

$$\mathrm{Cov}(c_{t1}, c_{u1}) = \sqrt{\mathrm{Var}(c_{t1})\mathrm{Var}(c_{u1})}\, r_{ctu}(c_{t1}, c_{u1}) \rightarrow \max \tag{3.28}$$

式中　Cov——求协方差运算；

　　　Var——求方差的运算；

　　　r_{ctu}——c_{t1} 与 c_{u1} 的相关系数。

将式（3.28）转化为式（3.29）的优化问题，对 c_{t1} 和 c_{u1} 进行求解。即，在 $\| c_{w1} \|^2 = 1$ 和 $\| c_{c1} \|^2 = 1$ 两个约束条件下，求取（$c'_{w1} E'_0 F_0 c_{c1}$）的最大值。

$$\begin{cases} \underset{c_{w1}, c_{c1}}{\max}(E_0 c_{w1}, F_0 c_{c1}) \\ s.t. \begin{cases} c_{w1}^T c_{w1} = 1 \\ c_{c1}^T c_{c1} = 1 \end{cases} \end{cases} \tag{3.29}$$

构建拉格朗日方程，对上式进行计算，可得：

$$c_{w1} = \frac{E_0^T F_0}{\| E_0^T F_0 \|} \tag{3.30}$$

$$c_{c1} = \frac{F_0^T E_0}{\| F_0^T E_0 \|} \tag{3.31}$$

求得 c_{w1} 和 c_{c1} 后，即可求得成分 c_{t1} 和 c_{u1}，有：

$$\begin{cases} c_{t1} = E_0 c_{w1} \\ c_{u1} = F_0 c_{c1} \end{cases} \tag{3.32}$$

然后，分别求出 E_0 和 F_0 对 c_{t1} 和 c_{u1} 的回归方程：

$$\begin{cases} E_0 = c_{t1} c_{p1}^T + E_1 \\ F_0 = c_{u1} c_{r1}^T + F_1 \end{cases} \tag{3.33}$$

式中　E_1、F_1——回归方程的残差矩阵；

　　　c_{p1}、c_{r1}——回归系数向量。

回归系数向量 c_{p1}、c_{r1} 分别为：

$$c_{p1} = \frac{E_0^T c_{t1}}{\| c_{t1} \|^2} \tag{3.34}$$

$$c_{r1} = \frac{F_0^T c_{u1}}{\| c_{u1} \|^2} \tag{3.35}$$

（3）用残差矩阵 E_1 和 F_1 代替 E_0 和 F_0，求第二个轴 c_{w2} 和 c_{c2} 以及第二个成分 c_{t2} 和 c_{u2}，有：

$$c_{t2} = E_1 c_{w2} \tag{3.36}$$

$$c_{u2} = F_1 c_{c2} \tag{3.37}$$

同样可计算出 E_1 和 F_1 对 c_{t2} 和 c_{u2} 的回归方程和回归系数向量 c_{p2}、c_{r2}：

$$E_1 = c_{t2} c_{p2}^T + E_2 \tag{3.38}$$

$$F_1 = c_{u2} c_{r2}^T + F_2 \tag{3.39}$$

$$c_{p2} = \frac{E_1^T c_{t2}}{\| c_{t2} \|^2} \tag{3.40}$$

$$c_{r2} = \frac{F_1^T c_{u2}}{\| c_{u2} \|^2} \tag{3.41}$$

（4）按上述步骤持续计算下去，如果自变量 X 的秩是 A，则会有：

$$E_0 \approx c_{t1} c_{p1}^T + \cdots + c_{tA} c_{pA}^T \tag{3.42}$$

$$F_0 = c_{u1} c_{r1}^T + \cdots + c_{uA} c_{rA}^T + F_A \tag{3.43}$$

由于 c_{t1}，$\cdots$，c_{tA} 均可表示成 E_{01}，$\cdots$，E_{0n} 的线性组合，因此，式（3.42）可以还原成：

$$F_{0k} = \alpha_{k1} E_{01} + \cdots + \alpha_{kn} E_{0n} + F_{Ak} \quad (k = 1, 2, \cdots, m) \tag{3.44}$$

式中　　F_{Ak}——残差矩阵 F_A 的第 k 列；

α_{k1}、$\cdots$、α_{kn}——自变量的系数。

最后，通过标准化的逆过程，得到因变量 Y 关于自变量 X 的回归方程为：

$$\hat{Y}_{nk} = \beta_{k1} X_1 + \cdots + \beta_{kn} X_n \tag{3.45}$$

2. 交叉有效性分析

许多情形下，偏最小二乘回归方程并不需要选用全部的成分 c_{t1}，$\cdots$，c_{tA}，而是通过截断的方式选择部分成分。其基本思想是：通过考察增加一个新的成分后，能否对模型的预测功能有明显的改进来确定成分的个数。成分个数确定的主要步骤有：

（1）选择 n_h 个成分，使用所有样本点进行回归建模，并将第 n_k 个样本点带入，得到拟合值 $\hat{y}_{hgnk}$，按式（3.46）计算 y_g 的误差平方和 SS_{hg}，进而计算 Y 的误差平方和 SS_h。

$$\begin{cases} SS_{hg} = \sum_{n_k=1}^{n_{xy}} (y_{gnk} - \hat{y}_{gnk})^2 \\ SS_h = \sum_{g=1}^{n_y} SS_{hg} \end{cases} \tag{3.46}$$

（2）把所有 n_{xy} 个样本点分成两部分：第一部分是除去某个样本点 xy_{nk} 的所有样本点集合（共含 $n_{xy}-1$ 个样本点），用这部分样本点并使用 n_h 个成分拟合一个回归方程；第二部分是把刚才被排除的样本点 xy_{nk} 带入前面拟合的回归方程，得到 y_g 在样本点 xy_{nk} 上的拟合值 $\hat{y}_{hg(-nk)}$。按式（3.47）计算 y_g 的预测误差平方和 $PRESS_{hg}$，进而计算 Y 的预测误差平方和 $PRESS_h$。

$$\begin{cases} PRESS_{hg} = \sum_{n_k=1}^{n_{xy}} (y_{gnk} - \hat{y}_{g(-nk)})^2 \\ PRESS_h = \sum_{g=1}^{n_y} PRESS_{hg} \end{cases} \tag{3.47}$$

（3）对于全部因变量 Y，成分 c_{th} 的交叉有效性定义为

$$Q_{\mathrm{h}}^2 = 1 - \frac{PRESS_{\mathrm{h}}}{SS_{\mathrm{h-1}}} \tag{3.48}$$

当式（3.48）中 $Q_{\mathrm{h}}^2 \geqslant (1-0.95^2) = 0.0975$ 时，表明 c_{th} 成分的边际贡献是显著的，需要继续计算 $c_{\mathrm{t(h+1)}}$ 成分的作用，否则，停止计算。

综上所述，偏最小二乘回归通过分析自变量、因变量以及自变量和因变量之间的关系，提取变量系统中具有最佳解释能力的新综合变量，利用它们进行回归建模，能够有效解决样本个数较少以及自变量存在多重相关的问题。在回归建模的同时，能够实现数据结构的简化，方便观察两组变量之间的相互关系，使数据系统的分析内容更加丰富。

3.4 基于人工智能技术的状态分析技术

数据挖掘与人工智能都致力于模式发现和预测。人工智能是人类智能在计算机上的模拟，它是一门研究如何构造智能计算机或智能系统的学科，具有模拟、延伸、扩展人类智能的功能。在电力设备的状态评估中，数据挖掘与人工智能是两项相互联系的方法和技术，状态评估的实现过程实际上是利用人工智能技术的应用程序将数据挖掘的理论和数学分析方法以监测和评估系统的形式体现出来，使人们能够通过简单的操作即可完成复杂的分析过程。目前在故障诊断领域应用比较成熟的智能方法有基于专家系统的诊断方法、基于随机优化方法优化的故障诊断模型方法、基于人工神经网络的方法、基于信息理论的方法等。本书主要介绍模糊推理方法、人工神经网络方法和纵横交叉算法在电能计量装置的状态评估中应用的实现方法和过程。

3.4.1 模糊推理

模糊推理是以模糊集合论为基础描述工具，对以一般集合论为基础描述工具的数理逻辑进行扩展的一种不确定推理。模糊推理作为近似推理的一个分支，是模糊控制的理论基础。在实际应用中，它以数值计算而不是以符号推演为特征，它并不注重如像经典逻辑那样的基于公理的形式推演或基于赋值的语义运算，而是通过模糊推理的算法，由推理的前提计算出结论。1973 年，Zadeh 首先给出了模糊推理理论中最基本的推理规则即模糊分离规则 FMP（Fuzzy Modus Ponens），随后被 Zadeh 和 Mamdani 等算法化，形成了当今以推理合成规则 CRI（Compositional Rule of Inference）为主要基础的各种模糊推理方法。40 余年来，模糊推理方法在工业生产控制，特别是在家电产品中的成功应用，使得它们在模糊系统以及自动控制等领域越来越受到人们的重视，如今在近似推理中已成为以数值计算而不是以符号推演为特征的一个研究发展方向，在人工智能技术开发中有重大意义。

然而，尽管这些基于 Zadeh 与 Mamdani 等人的工作而发展的各种模糊推理算法用于经验控制领域比其他方法有效，但从本质上不难看出实用中的模糊控制与逻辑控制的关联越来越少，而对算法的依赖却越来越多。

我们知道，在推理系统中，一个结论是由前提通过逻辑推理而得出的结果，但模糊推理算法实质上是通过人为规定的方法计算出结果而不是推理出逻辑结论，具体就是将推理前提约定为一些算子，再借助于一些运算计算出结论，可见模糊推理算法虽实用但主观性强，本身的理论基础贫弱。因此，将模糊推理算法作为研究对象，从理论上对模糊推理算法的构造基础进行分析研究，论证用计算去替代模糊推理的算法的理论依据是重要的。

模糊推理最基本的模式为模糊假言推理 FMP，CRI 算法是最基本、最重要的方法。算法的基本思想就是把推理模式中用词语描述的一组推理规则转换成描述中变项之间的一种模糊关系，从而使模糊推理过程的实现都基于模糊关系。据此，可认为模糊推理算法实质上是模糊推理变换成模糊关系的算法。对具体算法来说，无论是 CRI 算法还是以 CRI 为基础的各种算法，首先都遵循 CRI 算法的第一步即利用蕴涵算子，把由已知前提推导结论的分析过程转化为模糊推理中的模糊关系 $R(x, y)$ 的确定。

具体而言，模糊推理的应用，首先应该建立模糊集合，包括模糊输出集、模糊关系集和模糊数据输入集等；其次是模糊运算规则的确定，即通过何种方法实现模糊量之间的运算；另外还有模糊判据的建立，它包括输入数据的模糊化关系即模糊隶属度函数的建立、模糊输出量的判定等。

模糊输出集是表征模糊诊断结果的一种表达方式，它的元素个数和名称可根据实际问题的需要和所研究对象的特点由人们主观决定。如对于电能计量系统的模糊评判，我们可以将其模糊输出集分为正常、故障、窃电、隐性故障等四个等级对其整体运行状态进行评判，也可通过将电能计量系统按其各单元的运行状态正常否，将模糊输出集划分为电能表、电流互感器、电压互感器、二次回路和终端等几个部分，利用模糊推理运算对各单元的故障可能性进行评判。

模糊输入集是表征影响被检测对象的各种外界因素的集合，其元素个数的多少由所检测获取的反映被检对象的信号的数量决定。如电能计量自动化系统可以获得的参数有各种电压信息、各种电流信息、各种功率信息、各种电能信息、各种相位信息等，在模糊输入集的设计过程中，就可以根据不同的评判目的选择不同的参数构成模糊输入矩阵，如对于电能表的状态评估可以选择的参数就应该是与这台电能表相连接电路的各种电压信息、各种电流信息、各种相位信息，包括：失压监测、三相电压不平衡监测、各相电压突变越限、失流监测、三相电流不平衡监测、电流反极性监测、零线电流监测、三相电压相位异常监测、三相电流零点偏移监测、各相瞬时电压电流相位超差监测、瞬时功率因数过突变监测、电能表与终端在长周期内功率因素差异监测等信息作为模糊输入参数。

模糊关系集则是表征各模糊输入量的值对于不同输出结果的影响程度的一个集合，通常用 R 表示，它是一个 $m \times n$ 阶矩阵，其中 m 等于模糊输出集的元素个数，n 等于模糊输入集的元素个数。由于各种因素所处的地位和作用不同，因而其评判的价值各异，其主要体现在各个因素的权重不同。对于各种评判，模糊方法并不是绝对的肯定或否定，因而 R 中的任一元素 r_{ij} 表示的是第 j 种作用因素对于第 i 种输出结果的影响。也就是说，$R_i = (r_{i1}, r_{i2}, \cdots, r_{in})$ 反映了各种作用因素对于第 i 种输出结果的影响，即 r_{ij} 代表的是第 j 种作用因素的权重，因此，只要得定权重 R_i，相应的就可以得到一个综合评估 Y_i。而 $R_j = (r_{1j}, r_{2j}, \cdots, r_{mj})$ 则反映了第 j 种作用因素在不同输出结果中所占的地位。从上述可看出，通过建立一个从模糊输入 X 到模糊输出 Y 的模糊变换 R，即 $Y = RX$，就可得出模糊推导关系式。虽然理论上，模糊关系可通过 $R_f \in F(Y \times X)$ 诱导出，实际中，由于 X、Y 的模糊不确定性，而 R 中第 j 行 R_j 反映的是被评估对象的第 j 个因素对于评估集中各等级的重要程度。因此，一般是用专家评估赋值法（如层次分析法）、系统辨识法（如模式识别训练)、统计分析法、专家经验赋值与统计计算相结合等方法获得并将其作归一化处理,即使 $\sum_{j=1}^{n} r_{ij} = 1$ 。(X, Y, R) 构成了一个模糊综合评估模型。

模糊运算规则决定了模糊决策的方式。一般模糊运算规则有确定性规则、渐进规则、可能性规则、反渐进规则等多种不同的形式,但这些运算都是基于集合运算的法则进行的,即都属于 max - min 关系运算形式。具体到电能计量装置的运行状态性能的模糊决策,考虑到各种因素的作用结果都必须在输出结果中有所体现,可以设计采用基于代数矩阵的运算规则以充分反映各种因素对分析结果的影响。即:

$$y_i = \sum_{j=1}^{n} r_{ij} x_j \tag{3.49}$$

模糊决策的关键在于模糊关系及模糊隶属度函数的确立,它直接关系到模糊判断的正确与否。

由于不同的输入参数对于不同的决策结果的影响程度不同,因此,各个 r_{ij} 值各异。例如,若选用三相电压不平衡监测检测值作为模糊输入参数,当三相电压不平衡监测值较小时,对于计量装置工作正常与否的诊断决策作用的影响很小,其重要性远低于其他电流、电压以及相位检测参数,因此当以 {电能表,电流互感器,电压互感器,二次回路,终端} 为模糊输出集时,对于"正常"这种模糊运行状态输出来说,三相电压不平衡监测的权重显然比其他参数小。而对于"故障"这种模糊状态输出,由于三相电压不平衡监测值较大已强烈表明一次系统或二次系统存在问题,因此,该参数对于反映"故障"状态输出的权重应该较大。

模糊隶属度函数的作用是将输入信号进行模糊化处理。正如"三相电压不平衡监测"在不同评判条件下的作用不一样类似,由于各种监测参数的大小、单位各异,对于评判的影响各不相同,若以此原始数据作为输入量,显然会造成严重的误判。为了统一各参数对模糊输出的作用效果,必须对这些输入参数进行标准化处理。同时,由于模糊隶属度函数 $f(x)$ 必须满足:

$$0 \leqslant f(x) \leqslant 1 \tag{3.50}$$

因此,还必须对模糊化后的输入作归一化处理。

输入数据的模糊化的方法有模糊统计法、专家经验法等,具体表达形式针对不同数据类型而有较大差异,有区间数离散化模糊处理法(如对于一些电能质量指标参数就可以采用这种模糊化处理方法)、分段线性化模糊处理法(如对于功率因数及相位信息的处理就可以采用这种方法)、指数或者对数函数模糊处理法等。

模糊判据是模糊决策的基础。模糊决策是这样一个过程,即在一定的约束条件下追踪目标的问题求解,所获得的结论是一个动作、行为、方案或选择等,模糊判据即提供了这样一个约束条件。

经过模糊运算得到的输出是一个带有被检对象各种运行状态结论的模糊集。如何通过这些数据实现对输出结果的判断以决定设备的操作步骤就是模糊判据的作用,即反模糊化过程。具体到电能计量装置的状态监测,就是决定是否需要维修、更换等。

上述分析表明,通过建立模糊输出集、模糊关系集和模糊数据输入集,确定模糊运算的运算规则及构造模糊判据，用模糊的方法实现对绝缘体的状态监测（及保护）是可行而且很好的。

3.4.2　人工神经网络

人工神经网络（Artificial Neural Networks，ANNs）是一种模仿动物神经网络的行为特征，进行分布式并行信息处理的算法数学模型。这种网络依靠复杂的网络系统结构，通过调整内部大量节点之间相互连接的关系，从而达到处理信息的目的，并具有自学习和自适应的能力。神经网络是一种运算模型，由大量的节点（或称神经元）和之间相互连接构成。每个节点代表一种特定的输出函数，称为激励函数（activation function）。每两个节点间的连接都代表一个对于通过该连接信号的加权值，称为权重，这相当于人工神经网络的记忆。网络的输出则依网络的连接方式，权重值和激励函数的不同而不同。而网络自身通常都是对自然界某种算法或者函数的逼近，也可能是对一种逻辑策略的表达。

人工神经网络通常是通过一个基于数学统计学类型的学习方法（Learning Method）得以优化，所以人工神经网络也是数学统计学方法的一种实际应用，通过统计学的标准数学方法我们能够得到大量的可以用函数来表达的局部结构空间。在人工智能学的人工感知领域，我们通过数学统计学的应用可以来做人工感知方面的决定问题，即通过统计学的方法，人工神经网络能够类似人一样具有简单的决定能力和简单的判断能力，因此这种方法比起正式的逻辑学推理演算更具有优势。人工神经网络具有以下四个基本特征：

（1）非线性。非线性关系是自然界的普遍特性，大脑的智慧就是一种非线性现象。人工神经元处于激活或抑制两种不同的状态，这种行为在数学上表现为一种非线性关系。具有阈值的神经元构成的网络具有更好的性能，可以提高容错性和存储容量。

（2）折叠非局限性。一个神经网络通常由多个神经元广泛连接而成。一个系统的整体行为不仅取决于单个神经元的特征，而且可能主要由单元之间的相互作用、相互连接所决定。通过单元之间的大量连接模拟大脑的非局限性。联想记忆是非局限性的典型例子。

（3）折叠非常定性。人工神经网络具有自适应、自组织、自学习能力。神经网络不但处理的信息可以有各种变化，而且在处理信息的同时，非线性动力系统本身也在不断变化。经常采用迭代过程描写动力系统的演化过程。

（4）折叠非凸性。一个系统的演化方向，在一定条件下将取决于某个特定的状态函数。例如能量函数，它的极值相应于系统比较稳定的状态。非凸性是指这种函数有多个极值，故系统具有多个较稳定的平衡态，这将导致系统演化的多样性。

由此，使其具备自学习、联想存储、高速寻找优化解的能力，可以很快寻找一个复杂问题的优化解。

神经网络依其网络系统的结构网络分，可分为前向式结构（Feed Forward Network）、回馈式结构（Recurrent Network）和强化式架构（Reinforcement Network）三类。前馈神经网络（Feedforward Neural Network）是被研究最多，也是最常用的一种人工神经网络。本书主要对前馈神经网络的应用予以介绍。

前馈神经网络简称前馈网络，在此种神经网络中，各神经元从输入层开始，接收前一级输入，并输入到下一级，直至输出层。整个网络中无反馈，可用一个如图 3.8 所示的有向无环图表示。按照前馈神经网络的层数不同，可以将其划分为单层前馈神经网络和多层前馈神经网络。常见的前馈神经网络有感知机（Perceptrons）、BP（Back Propagation）网络、RBF（Radial Basis Function）网络等。前馈神经网络是一种分层次的人工神经网络，主要用于分类和预测。

一个典型的前馈神经网络由输入层、输出层和若干个中间层（又称为隐层，因其对输入输出不可见）组成，每层由若干个神经元（又称为结点）组成，层间的结点为全连接，而层内的结点无连接（图3.8）。

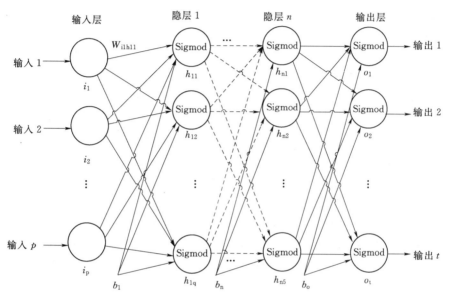

图 3.8　前馈神经网络基本结构示意图

一般的，输入层和输出层神经元的个数由训练集所确定。各层结点之间的连接是有权重的，每个结点的输入由连接到它的各个结点的输出的加权和确定（输入层除外），如结点 h_{11} 的输入为：

$$\sum_{k=1}^{p} \omega_{i_k h_{11}} i_k + b_1 \tag{3.51}$$

式中　$\omega_{i_k h_{11}}$——结点 i_k 到结点 h_{11} 的权重；

　　　i_k——第 k 个结点的输入；

　　　b_1——结点 1 的偏置，用以克服输入全为零的时候网络训练无法进行的情况。

信号输入后，每层的输出由它的激励函数确定。常用的激励函数为 Sigmod 函数。该函数表现为两种形式，一种是 Logistic 函数：

$$f(x) = \frac{1}{1 + e^{-\alpha x}} \tag{3.52}$$

式中，$\alpha > 0$ 是一个常数，可以控制曲线的斜率。Logistic 函数的取值范围为（0，1）。

另一种是双曲正切函数，即

$$f(x) = \beta \frac{1 - e^{-\alpha x}}{1 + e^{-\alpha x}} \tag{3.53}$$

式中，α 是常数，可以控制曲线的斜率。它与 Logistic 函数的图形类似，但取值范围为（-1，1）或（-β，β）。

此外，还有较少使用的阈值函数：

$$f(x) = \begin{cases} 1 & x \geqslant 0 \\ 0 & x < 0 \end{cases} \tag{3.54}$$

从输入到输出层及从输出层到输出都是直接连接。虽然前馈神经网络可以有很多个隐层，但理论上可以证明，具有一个隐层的前馈神经网络可以近似任何连续函数，故在实际应用上，可能出于网络复杂性、训练难度、防止过拟合等原因，会使用三层以上的网络，但最常用的是三层网络。

如果网络的结构（如隐层个数），每层的结点数已经确定，则前馈神经网络训练的过程就是确定各结点之间的连接的权重。最常用的训练方法是反向传播算法，即 BP 算法。

反向传播 BP 神经网络是一种按误差逆传播算法训练的多层前馈网络，是目前应用最广泛的神经网络模型之一。BP 算法的思想是，学习过程由信号的正向传播与误差的反向传播两个过程组成。正向传播时，输入样本从输入层传入，经各隐层逐层处理后，传向输出层。若输出层的实际输出与期望的输出不符合，则转入误差的反向传播阶段。误差反传是将输出误差以某种形式通过隐层向输入层反传，并将误差分摊给各层的所有单元，从而获得各层单元的误差信号，此误差信号即作为修正各单元权值的依据。这种信号正向传播与误差反向传播的各层权值调整过程，是周而复始地进行的，以使得网络对输入收敛。权值不断调整的过程，也就是网络的学习训练过程。此过程一直进行到网络输出的误差减少到可以接受的程度或进行到预先设定的学习次数为止。其具体的执行过程可简述如下：

假定用 $v_j(n)$ 代表第 n 次前向迭代中结点 j 的输出，$y_i(n)$ 代表第 n 次前向迭代中结点 i 的输入，则有：

$$v_j(n) = \sum_{i=0}^{r} \omega_{ji}(n) y_i(n) \tag{3.55}$$

或

$$y_i(n) = f[v_j(n)] \tag{3.56}$$

式中　r——所有连接到结点 j 的结点；

$\omega_{ji}(n)$——这些结点的权重，$i=0$ 时，即是结点的偏置。

如果 j 是输出结点，假定 $d_j(n)$ 代表结点 j 正确的输出（按照训练集），则结点 j 输出的偏差为：

$$e_j(n) = d_j(n) - y_j(n) \tag{3.57}$$

可定义网络的输出误差为所有输出结点的偏差的平方和，即：

$$\varepsilon_j(n) = \frac{1}{2} \sum_j e_j^2(n) \tag{3.58}$$

则网络训练的目的是使式（3.58）最小化，式（3.58）是权重的函数。计算可得网络中权重的调节公式为：

$$\Delta \omega_{ji}(n) = -\eta \frac{\partial \varepsilon_j(n)}{\partial \omega_{ji}(n)} = \eta \delta_j(n) y_j(n) \tag{3.59}$$

式中　η——学习率（迭代计算步长）；

$\delta_j(n)$——局部梯度。

因此，某条连接的权重的变化由该连接的入结点的局部梯度与该连接的出结点的输出的乘积所决定，通过减小学习率可调节梯度下降的速度。

对于输出层结点 j，局部梯度表示为输出误差与该结点输出的微分的积，即：

$$\delta_j(n) = e_j(n) f'_j[\nu_j(n)] \tag{3.60}$$

对于隐层结点，局部梯度的值依赖于它的上一层结点（输出层或上一个隐层），可以表示为该结点输出的微分与上一层结点局部梯度加权和的积，即：

$$\delta_j(n) = f'_j[\nu_j(n)] \sum_{k=1}^{c} \delta_k(n) \omega_{ki}(n) \tag{3.61}$$

对于 Logistic 函数，其微分可表示为：

$$f'_j[\nu_j(n)] = \frac{\alpha e^{-\omega_j(n)}}{(1+e^{-\omega_j(n)})^2} = \alpha y_i(n)[1-y_i(n)] \tag{3.62}$$

对于双曲正弦函数，其微分可表示为：

$$f'_j[\nu_j(n)] = \frac{\alpha}{\beta}[\beta - y_i(n)][\beta + y_i(n)] \tag{3.63}$$

虽然 η 可调节学习率，但是当 η 过大时，容易使得网络变得不稳定；而当 η 过小时，则容易使得网络学习率太慢。为使得学习率较快而避免网络不稳定，可在权重调节公式（3.59）中加入一个动量项，即：

$$\Delta\omega_{ji}(n) = \alpha\Delta\omega_{ji}(n-1) + \eta\delta_j(n)y_i(n) \tag{3.64}$$

式中，$\alpha > 0$，称为动量常数。

图 3.9 给出了对于"与"问题的前馈神经网络解决示例。采用了三层网络，3 个隐层结点，激励函数是双曲正切函数，图 3.9 中示出了经过训练后各个连接的权重。

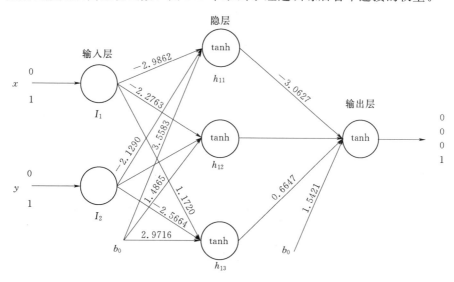

图 3.9　解决"与"问题的三层网络

对于三层网络来说，输入层和输出层的结点数都可由问题本身定义，主要需要确定的是隐层结点的个数。目前来说，并没有确定最佳的隐层结点个数的理论方法，通常由经验或试验来确定。例如，由两个隐层结点开始，逐渐增加隐层结点的个数（不超过输入结点的个数），直至达到最佳效果；或者以相反的方向进行，先给定一个较大的隐层结点个数，再慢慢减少其个数。

学习率 η 和动量常数 α 都在 $[0，1]$ 间取值。若 η 较小，则网络收敛较慢，通过增大 α 可以提高收敛速率；反之，若 η 较大，则应该减小 α 以避免网络的不稳定。动量常数 α 在训练中一般保持不变，主要是通过对学习率 η 的调整改善收敛特性。

为增强学习的灵活性，可采用在每次迭代中改变学习率 η 的方法。例如，可以指定一个初始及最大的、最小的和每次的耗损值 d，然后按式（3.65）变化：

$$\eta(n)=\eta(n-1)\exp\left[\log\left(\frac{\eta_{\min}}{\eta_{\max}}\right)/d\right] \tag{3.65}$$

η 首先取初始值，然后按式（3.65）变化。若达到最小值，则将其重新设定为最大值，再按式（3.65）继续训练。

基于随机逼近原理的 BP 学习算法收敛较为缓慢。基于曲线拟合原理的径向基函数 RBF（Radial Basis Function）是另一种用得较多的训练方法。径向基函数是一个取值仅仅依赖于离原点距离的实值函数，也就是 $\Phi(x)=\Phi(\|x\|)$，或者还可以是到任意一点 c 的距离，c 点称为中心点，也就是 $\Phi(x,c)=\Phi(\|x-c\|)$。任意一个满足 $\Phi(x)=\Phi(\|x\|)$ 特性的函数 Φ 都叫做径向量函数，标准的一般使用欧氏距离，尽管其他距离函数也可以。

RBF 网络也由三层网络组成，输入连接到输入层，输出层产生输出，中间是隐层，输入层是直接连接到隐层（即连接权重为1），因此 RBF 网络实际上相当于两层网络。与 BP 网络相比，RBF 的隐层往往具有非常多的隐层结点，每个结点的激活函数是一个径向基函数。其输出结点则只是进行线性映射，如图 3.10 所示。

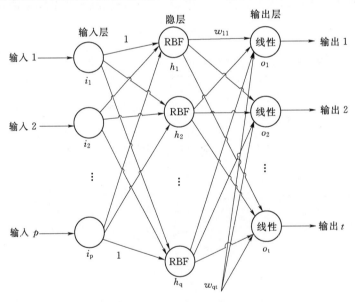

图 3.10　基于径向基函数的三层网络

基于 RBF 学习算法常用的激励函数有高斯（Guess）函数、逆多二次（Inverse multiquadrics）函数、样条（Spline function）函数等。如：$f(X)=\exp\left(-\frac{\|X-\mu\|^2}{2\sigma^2}\right)$，$f(X)=\dfrac{1}{(\|X-t\|^2+c^2)^{\frac{1}{2}}}(c>0)$，$f(X)=\|X-t\|^{2m}\log(\|X-t\|)(m=1,2,3,\cdots)$ 等。

在确定了径向基函数的参数后，则可按照类似 BP 算法进行权重的训练。在训练过程中，学习率 η 和动量常数 α 一般保持不变。因为 RBF 网络实际上只有两层，因此训练相对简单很多。如对于高斯函数，权重的调整公式可以表达为

$$\Delta\omega_{kj}(n)=\alpha\Delta\omega_{kj}(n-1)+\eta f_k(X)(d_j-o_j) \tag{3.66}$$

式中　d_j——输出结点 j 的期望输出。

RBF 网络的训练过程是找出径向基函数中的参数及权重的值。在 RBF 网络中，每个径向基函数中的参数是不一样的。以径向基函数为高斯函数为例，则需要确定每个隐层结点的高斯函数的中心和比例因子 σ。这两个参数确定的办法有多种，主要集中在中心点的选择上。为了简化计算，各个函数的比例因子 σ 通常设为一样的。常用的参数确定方法有两种，即随机选择法和聚类法。

随机选择法从训练集中随机选择中心点，然后选择中心点间最大的距离并归一化，即

$$\sigma=\frac{任两个中心点间最大的距离}{\sqrt{中心点的个数}} \tag{3.67}$$

聚类方法，如 k-均值聚类方法，将数据集通过该算法聚为 q 类，每类中心点选为高斯函数的中心，比例因子 σ 可按式（3.67）进行计算，也可根据该中心点离最近的两个其他类的中心点的距离的平均值进行计算，如

$$\sigma=\sqrt{\frac{h_1+h_2}{2}} \tag{3.68}$$

式中　h_1、h_2——离得最近的两个其他类的中心点的距离。

图 3.11 给出了对于"或"问题的 RBF 网络求解的示例。其中高斯函数的中心点分别取为 $(11)^T$ 和 $(00)^T$。

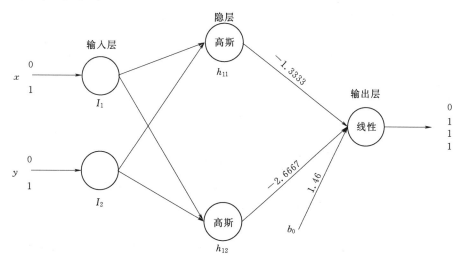

图 3.11　RBF 网络解决"或"问题

3.4.3　纵横交叉算法

纵横交叉算法（CSO）是一种启发式搜索优化算法。CSO 采用双重搜索机制，包括横向交叉和纵向交叉两种方式，这两种搜索机制与竞争算子共同构成了算法的寻优方式。在求

解的过程中，每一次迭代都会进行横向交叉和纵向交叉，而父代完全交叉后所得的子代通过竞争算子再与父代进行比较，只有适应能力更强的子代才能在竞争中保留下来，而适应度比父代差的子代则会被淘汰，这样就可以保证每次迭代所得的种群永远都是最优种群。这种搜索机制可以加快算法的收敛速度，算法特点如下：

（1）CSO 的横向交叉使得 CSO 在搜索的过程中，把种群中所有粒子进行两两配对，将多维搜索空间划分为种群数目一半的子空间，然后以较大概率（横向交叉概率 P_h，通常取 1）在以父代粒子为对角线顶点形成的超立方体空间内进行搜索。为减少搜索盲区，增强算法的全局搜索能力，引入边缘搜索机制，以较小概率在超立方体空间边缘进行搜索，增加了解的可能性。

（2）CSO 中的垂直交叉是通过种群中不同维进行交叉实现的，这种交叉方式是基于大量的观察发现。绝大多数群智能优化算法的早熟问题往往是因为种群的部分维陷入了停滞不前，我们称之为维局部最优，垂直交叉方式不仅能使陷入局部最优的维有机会摆脱出来，进而使整个种群摆脱局部最优，同时它的变异方式能较好的维持种群的多样性。

（3）竞争机制的引入使两种交叉方式完美地结合起来，既提高了收敛精度，又加快收敛速度。纵向交叉使陷入停滞的某维跳出局部最优，通过随后的横向交叉将信息传播至整个种群。反过来，其他陷入停滞的维又可以通过下一次的纵向交叉跳出局部最优。这种双向搜索机制使 CSO 相对其他单一算法，甚至是改进算法和混合算法，具有更为优越的性能。

为叙述方便，用矩阵 X（$X=\{X^m\}$，$m=1$，2，$\cdots$，M）表示 CSO 种群，其中矩阵的每一行 X^m 表示问题的一个潜在解，称为个体，而个体解 X^m 由 D 个决策变量组成，可表示为 $X^m=(X_1^m, X_2^m, \cdots, X_d^m, \cdots, X_D^m)$。矩阵的行数和列数分别表示种群大小为 M 以及可行解空间的维数为 D。通过横向交叉与纵向交叉得到的中庸解分别用 MH 和 MV 表示，而 MH 和 MV 通过竞争机制得到的占优解则分别用 DH 和 DV 表示。

1. 横向交叉搜索机制

横向交叉作为"全局优化器"，是两个不同粒子所有维之间进行的算术交叉。假设第 m_1 个父代粒子 X^{m_1} 和第 m_2 个父代粒子 X^{m_2}（$m_1 \neq m_2$）的第 d 维之间执行横向交叉，那么它们产生的子代可用以下公式表示：

$$
\begin{cases}
MH_d^{m_1} = r_1 \cdot X_d^{m_1} + (1-r_1) \cdot X_d^{m_2} + c_1 \cdot (X_d^{m_1} - X_d^{m_2}) \\
MH_d^{m_2} = r_2 \cdot X_d^{m_2} + (1-r_2) \cdot X_d^{m_1} + c_2 \cdot (X_d^{m_2} - X_d^{m_1})
\end{cases}
\quad (d=1,2,\cdots,D) \quad (3.69)
$$

式中　　r_1、r_2——[0，1] 之间均匀分布的随机数；

c_1、c_2——扩展因子，为 [−1，1] 之间均匀分布的随机数；

$X_d^{m_1}$、$X_d^{m_2}$——父代粒子 X^{m_1} 和 X^{m_2} 的第 d 维；

$MH_d^{m_1}$、$MH_d^{m_2}$——$X_d^{m_1}$ 与 $X_d^{m_2}$ 通过横向交叉所产生的子代。

在多维解空间中，横向交叉操作在以父代粒子（如 X^{m_1} 和 X^{m_2}）为对角线顶点形成的超立方体空间内以较大概率（通常取 1），在超立方体的边缘部分以递减的概率进行搜索产生中庸解（如 MH^{m_1}）。以二维空间为例，中庸解的概率密度分布如图 3.12 所示。同时，为减少搜索盲区，增强算法的全局搜索能力，引入边缘搜索机制，以较小概率在超立方体空间边缘进行搜索，增加了解的可能性。经过大量的实验研究，人们发现，扩展因子的范围在 [−1，1] 内可以有效减少父代粒子不能搜索到的盲点区域。横向交叉的这种边缘搜索机制使其区别于 GA 算法的交叉操作，弥补了 GA 算法可能存在不可及点的劣势。这种搜索机制极大程度上提高了 CSO 的全局收敛性能。

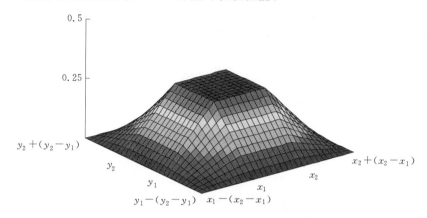

图 3.12　中庸解二维空间概率密度分布图

通过横向交叉产生中庸解后，需要在子代 MH^m 与父代粒子 $X^m(m=1，2，\cdots，M)$ 之间执行竞争操作，只有优胜者才能够保留下来。因此，种群 X 始终保持当前最优解，在 CSO 中称为占优解。

在进化的过程中，除第一代种群外，横向交叉总是将通过纵向交叉所得的占优解（DV）作为其父代粒子继续展开搜索。为了执行横向交叉操作，首先需要将矩阵 DV 中的粒子进行两两配对，具体完成过程如下：

步骤 1：输入父代种群 DV 及种群规模 M 和解空间维数 D。

步骤 2：将 DV 作为横向交叉的初始种群赋值给矩阵 X，即 $X=DV$。

步骤 3：随机打乱矩阵 X 中个体粒子的位置。

步骤 4：将打乱后的种群 X 中前后相邻的两个个体粒子进行配对，如 X^1 与 X^2 配对，X^3 与 X^4 配对，$\cdots$，X^{M-1} 与 X^M 配对（一般设置 M 为偶数）。

步骤 5：将配对后的父代粒子通过式（3.69）产生后代 MH。

步骤 6：采用竞争算子，将子代中庸解 MH 与父代 DV 进行比较，只有适应度更好的粒子才能作为占优解保存在下一代的矩阵 DH 中。

2. 纵横向交叉搜索机制

纵向交叉在保持种群多样性与避免早熟收敛两个方面发挥着重要的作用。大量的应用分析表明，绝大多数启发式算法陷入局部最优的主要原因是由于部分维陷入了停滞不前而导致进化终止，本书将这种现象称为维局部最优。与横向交叉相比，纵向交叉旨在通过在所有粒子的不同两维之间执行算术交叉操作来避免收敛停滞，而后者更注重于提高全局搜索能力。假设 d_1 和 d_2 是粒子 $X^m(m=1，2，\cdots，M)$ 的两个不同维，由纵向交叉操作产生中庸解 MV^m 的过程如式（3.70）所示。

$$MV_{d_1}^m=r\cdot X_{d_1}^m+(1-r)\cdot X_{d_2}^m \quad [m\in N(1,M)；d_1,d_2\in N(1,D)] \tag{3.70}$$

式中　r——[0，1] 之间均匀分布的随机数；

$MV_{d_1}^m$——粒子 $X_{d_1}^m$ 和 $X_{d_2}^m$（如 $DH_{d_1}^m$ 和 $DH_{d_2}^m$）的子代；

M——种群规模；

D——粒子维数。

由公式（3.70）可以看出，所有的中庸解 MV^m（$m=1$，2，$\cdots$，M）均是通过采用单亲繁殖策略产生，证明这种搜索机制是防止维局部最优现象的一种有效途径。垂直交叉搜索过程具体如下：

步骤 1：输入父代种群 DH 及种群规模 M 和解空间维数 D。

步骤 2：将 DH 作为垂直交叉的初始种群赋值给矩阵 X，即 $X=DH$。

步骤 3：归一化矩阵 X。

步骤 4：随机打乱矩阵 X 中个体粒子的维度。

步骤 5：将打乱后的种群 X 中同一粒子相邻两维进行配对，如 X_1^m（$m=1$，2，$\cdots$，M）与 X_2^m 配对，X_3^m 与 X_4^m 配对，$\cdots$，X_{D-1}^m 与 X_D^m 配对（一般设置 D 为偶数）。

步骤 6：将配对后的所有粒子维度通过公式（3.50）产生后代 MV。

步骤 7：将矩阵 MV 反归一化。

步骤 8：采用竞争算子，将子代中庸解 MV 与父代 DH 进行比较，只有适应度更好的粒子才能作为占优解保存在下一代的矩阵 DV 中。

在所有的迭代过程中，纵向交叉搜索的父代种群是横向交叉后通过竞争机制保留下来的占优解 DH。与横向交叉相比较，纵向交叉有以下几个明显区别：

（1）由于个体粒子每一维的上下边界值都可能不同，因此在进行纵向交叉前需将每一维进行归一化操作，以确保交叉后产生的子代经过反归一化操作后其值不超过原维度的上下限。

（2）纵向交叉操作是在同一粒子的不同两维之间进行，属于"单亲繁殖"，这种搜索机制虽然看起来不可思议，但是却可以有效避免种群的某些维陷入局部最优。

（3）为了提高已陷入停滞状态的维度跳出局部最优的概率，同时不破坏另一可能处于全局最优的维度信息，每次纵向交叉操作只产生一个子代。

（4）事实上，多数情况下种群中只有极少部分维在迭代的过程中可能会陷入局部最优，因此，纵向交叉概率 P_v 比横向交叉概率 P_h（通常取 1）小，大量实验表明 P_v 设置在 $0.2 \sim 0.8$ 范围内效果更佳。与横向交叉操作过程类似，纵向交叉操作完成之后，在中庸解矩阵 MV 与其父代种群 DH 之间执行竞争算子操作，同样只有适应度更好的粒子才能够在竞争后存活，并保留在矩阵 DV 中进入下一次迭代。

（5）纵向交叉被用来交换同一粒子不同维度的信息，从而使陷入停滞不前的维可以通过与其他正常进化的维进行信息共享与交换来跳出局部最优。一旦粒子陷入停滞的维跳出局部最优，新解通过横向交叉将迅速传播至整个种群，反过来，纵向交叉操作再次促进其他粒子的维更快的跳出局部最优。纵向交叉在搜索的过程中扮演着极为重要的角色，它不仅善于处理复杂的旋转函数优化问题，而且可有效防止种群某些维度陷入局部最优。

3. 算法流程与结构

CSO 算法流程可概括为如下几个过程：

步骤 1：初始化种群。

步骤 2：执行横向交叉与竞争操作。

步骤 3：执行纵向交叉与竞争操作。

步骤 4：终止条件：如果迭代次数达到或大于预先设置的最大迭代次数，则终止程序，否则转向步骤 2 进入新一轮迭代。

　　其实现流程图如图 3.13 所示。

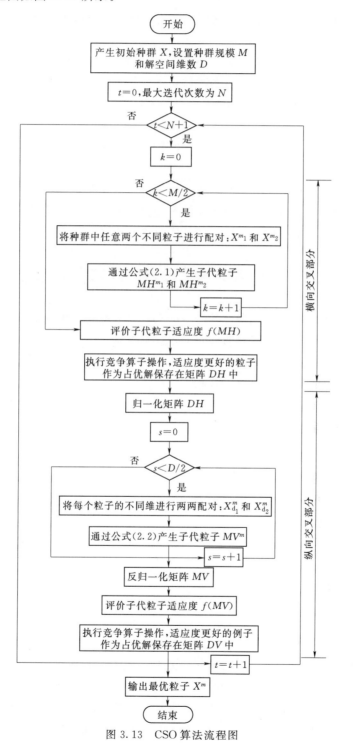

图 3.13　CSO 算法流程图

大部分启发式随机搜索算法都存在参数设置问题，尤其是改进算法和混合算法，参数设置往往更加复杂。然而对于 CSO，虽然有两种不同的交叉方式，但是只有纵向交叉概率需要设置。这是因为横向交叉是不同粒子之间的交叉操作，而为了产生更多的子代来与父代之间形成竞争以促进种群进化，在解决所有的优化问题时横向交叉概率很自然地设置为 1。

CSO 算法引用大自然的生存法则，通过竞争算子为父代种群和子代种群之间创造了一个彼此竞争的机会。以横向交叉为例，只有当子代个体（如中庸解 MH_m）比父代个体 X_m（如垂直交叉后产生的占优解 DV^m）适应能力更强时才能够存活下来，并保存在矩阵 DH 中进入下一次迭代，否则父代个体存活。同样的，纵向交叉操作完成后也会进入竞争机制，只有当子代个体（如中庸解 MV^m）比父代个体 X^m（如横向交叉后产生的占优解 DH^m）适应能力更强时才能够存活下来，并保存在矩阵 DV 中进入下一次迭代，否则父代个体存活。竞争算子行为一方面使种群始终保持当前最优位置，另一方面起"催化剂"作用，使种群加速向全局最优方向进化。两种交叉方式的完美结合使得 CSO 区别于一般的群智能优化算法，能够有效避免维局部最优现象，从而寻求到更优解。

3.5　基于信息融合技术的状态评估方法

在设备状态评估中，虽然根据设备运行的某一种信息进行观测和分析有时可以判断出其运行状况，但在许多情况下得出的诊断结果并不可靠。从多方面获得关于诊断对象的多维信息，利用信息融合技术充分挖掘信息的内涵，并对多诊断信息进行有效的综合利用，是提高故障诊断的准确性和可靠性的有效方法。

所谓信息融合就是利用计算机技术将来自多传感器或多源的信息和数据，在一定准则下加以自动分析、综合以完成所需要的决策和估计而进行的信息处理过程，以便得出更为准确可信的结论。

3.5.1　信息融合的方式

信息融合技术的实现有多种不同的结构，大致有以下几种分类方式。

1. 按融合层次分

根据信息融合处理过程所处阶段的不同，可以分为数据层、特征层和决策层等三种类型。

数据层的融合是对经过简单处理的传感器所获数据直接进行融合，是最低层次的融合。这种融合的主要优点是能保持尽可能多的现场数据，提供其他融合层次所不能提供的细微信息。其局限性在于因所要处理的传感器数据量太大，故处理代价高，时间长，实时性差。由于这种方式的融合是在信息的最低层进行的，传感器原始信息的不确定性、不安全性和不稳定性要求在融合时有较高的纠错能力。另外，由于是原始数据直接关联，故要求各传感器的信息要来自同类型或相同量级的。其融合过程如图 3.14 所示。数据层信息融合方法主要用于多源图像复合、图像分析及同类雷达波形的直接合成等。

特征层融合属于中间层次，它先对来自多传感器的原始信息进行特征提取，然后对特征信息进行综合分析和处理。以便做出正确的决策。其融合过程如图 3.15 所示。特征层融合的优点在于实现了客观的信息压缩，有利于实现处理，并且由于所提取的特征直接与决策分析有关，因而融合结果能最大限度地给出决策分析所需要的特征信息。

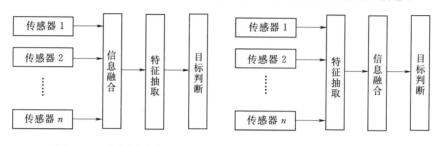

图 3.14　数据层融合　　　　　　图 3.15　特征层融合

决策层融合是一种高层次融合，它与特征层融合方法的区别在于在对来自传感器的信号进行特征提取后，从具体决策问题的需要出发，通过一个目标识别过程充分利用特征提取过程中与决策目标相关联的特征信息，再采用适当的信息融合技术实现数据的综合分析利用。决策层融合方法是直接针对具体决策目标的，融合结果直接影响决策水平。其融合过程如图 3.16 所示。其主要优点是灵活性高、能有效反映环境或目标各个侧面的不同类型信息、对传感器的依赖性小，传感器可以是同质的，也可以是异质的、有一定的容错能力，当一个或几个传感器出现错误时，通过适当的融合，系统还能获得正确的结果。其局限性在于这种融合方法首先要对原传感器信息进行预处理以获得各自的判断结果，预处理代价高。

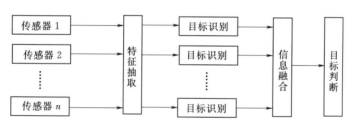

图 3.16　决策级融合

2. 按各传感器信息处理的方式分

按各传感器信息处理的方式信息融合可分为分布式、集中式和混合式三种类型。

分布式融合中，各传感器利用自己获得的数据对对象进行相应的估计，并将估计结果送入融合中心，在融合中心进行融合，获得对象相应的信息，每个节点都有自己的处理单元，都可以做出自己的决策，融合速度快，通信负担轻，不会因为某个传感器出现故障而影响整个系统的正常工作，因此其具有较高的可靠性和容错性，但其融合精度较集中式差。

集中式融合结构简单，融合精度高，但由于其只有在接收到所有传感器信息后才能进行融合，因此其通信负担大，融合速度慢。

混合式融合中，低层节点向高层节点传输信息，高层节点也参与低层节点的融合，因此其融合精度高，但是融合处理较复杂，信息传输量大。

3. 按传感器信息之间的融合结构分

按传感器信息之间的融合结构，信息融合可以分为串行、并行、树状、分散、反馈式几种结构。

串行融合结构示意图如图 3.17 所示，并行融合结构示意图如图 3.18 所示。树状结构是传感器两两一组进行融合，融合结果再两两进行融合，一直到融合出最终结果为止。分散式结构为融合系统中若干个传感器分为一组，进行一次融合，融合结果再进行一次融合，得到最后的融合结果。

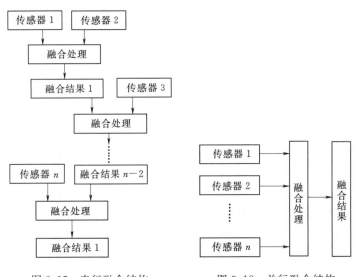

图 3.17　串行融合结构　　　　图 3.18　并行融合结构

3.5.2　信息融合的数学模型

数学模型就是信息融合的算法和分析综合逻辑的理论方法。从解决信息融合问题的指导思想和哲学观点加以划分，现有的信息融合数学模型方法大致可划分为嵌入约束分析法、证据组合分析法和人工智能算法等三种方法。

1. 嵌入约束分析法

这种分析方法的研究思路是：由于任何一个传感器感知的数据信息都是客观对象在某种映射下的影像，而信息融合过程是通过传感器从不同维度获得的被分析对象的影像，求解原象，即对客观对象予以深层次的解析。由于传感器的局限性，上述映射是多对一的映射，也就是说传感器的全部信息也只能描述客观对象的某些方面的特征，而具有这些特征的对象却有很多，要使一组数据对应唯一的对象，即上述映射为一一映射，就必须对映射的原像和映射本身施加约束条件，使问题能有唯一的解。

2. 证据组合分析法

这种方法的出发点是考虑到信息融合是针对完成某项任务的需要而处理多源数据信息，是为实现任务决策而做的辅助分析过程。既然直接从多源数据中提取与任务有关的相关信息有困难，那么可先就单源数据信息对每一种可能决策的支持程度给出度量，即数据信息作为证据对决策的支持程度，然后寻找一种证据组合方法或规则，对各异源证据的支持程度通过组合，得出全体数据信息的联合体对某决策的总的支持程度，得到最大证据支持的决策即为信息融合的分析结果。

贝叶斯估计、统计决策理论、D-S证据推理都是证据组合分析法应用中常见的方法。贝叶斯估计理论是将多传感器作为不同的贝叶斯估计器，由他们组成一个决策系统，然后利用某一种决策规则来选择对被测对象的最佳假设估计；统计决策理论是针对一个统计决策问题，利用已知参数变量建立风险函数为决策函数，通过对检测参数的综合分析，以某种评判准则（如：容许性准则、最小化最大准则、贝叶斯准则、最优同变准则等）为依据实现评估决策过程的分析方法；D-S证据推理是贝叶斯方法的扩展，它不需要首先知道先验概率，它用信任区间描述传感器信息，不但表示了信息的已知性和确定性，而且能够区分未知性和不确定性。证据理论需要建立合适的识别框架，关键是进行合理的基本可信度分配，以较好地处理由数据多源产生的不精确性和不确定性。

3. 人工智能算法

人工智能算法是通过人工智能技术通过设计和建立相对应的信息融合推理模型实现对信息的综合分析评判。这些方法有模糊推理法、人工神经网络法、专家系统等。

模糊推理法利用模糊集合和隶属函数来表示不确定性推理。该方法运用模糊集合的知识通过综合考虑客观证据与人的主观评判，将主客观之间的信息进行最佳的匹配，由此获得问题的最优解。人工神经网络法是根据样本的相似性，通过网络权值表述在融合结构中，首先通过神经网络特定的学习算法来获取知识，得到不确定性推理机制，然后根据这一机制进行融合和再学习。专家系统主要是由知识库和推理机两个要素组成，知识库是根据专家知识和经验形成一系列的规则，推理机是根据输入的信息，结合知识库的规则进行推理。其实现方法是利用计算机汇集专家知识和经验形成的一系列规则，存储在数据库中，解决复杂性问题，模拟专家做出的决定。

人工智能的方法的特点在于：

（1）具有统一的内部知识表示形式，通过学习方法可将网络获得的传感器信息进行融合，获得相关网络的参数，并且可将知识规则转换成数字形式，便于建立知识库。

（2）利用外部环境的信息，便于实现知识的自动获取及进行联想推理。

（3）能够将不确定环境的复杂关系，通过学习推理，融合为系统能够理解的准确信号。

（4）神经网络固有的容错性，使得神经网络信息融合在部分传感器出现故障时表现得不敏感。

信息融合的方法丰富多彩，针对不同的应用环境和特点，选用不同的算法是目前信息融合应用的主要思路和思想。在选取信息融合算法的时候，应该考虑的问题包括：

（1）应用环境中信息量的类型和属性，譬如所获取信息是数据型的一些传感器物理量（通常都转化为电信号）还是一些知识型的经验信息（专家经验）；是离散型的逻辑组合信息（例如开关量信息）还是连续型的时域或者频谱信息。

（2）应用系统的复杂程度，是有一定数学或者物理描述的系统还是复杂的难于描述的大型系统，系统是否是由子系统构造的，系统的结构和层次是否复杂等。

（3）信息融合的目标是什么，所作的融合是针对信号处理的还是模式识别的，是要求定量描述的还是定性识别的，是针对决策还是针对判别的，是实时要求还是离线要求的等。

（4）信息融合算法的成本。这里重要是考虑进行融合以后达到同样性能指标，是否要增加系统的开销，各个算法开销的大小和性能/开销比，以及算法的可实现性。

3.6　本　章　小　结

本章介绍了适用于电能计量装置状态评估的各种方法的基本理论。

电工原理的方法具有直接、易于实现的特点，但它只是对在线监测数据的基本应用，不能通过数据发现蕴含在数据中的反映电网时间、空间运行规律的丰富信息，也就难以找到更深层次的规律性的隐性故障。

数学分析方法和人工智能技术是解决状态评估这类复杂的含较多不确定因素问题的最佳方法。数学分析方法利用数学建模分析的方法，通过建立合理的规则能实现对问题的分析和求解；人工智能的方法运用模糊推理、人工神经网络以及模糊优化的方法能够解决数学模型难以描述或规则难以处理的问题。

信息融合的方法综合应用了各种电气参数所反映的系统及设备运行的相关信息，通过合理的设计评判规则，运用数据挖掘技术的有关工具和方法，是一种透过现象看本质的有效手段。

这些方法各有其特点和适用场合，也可综合应用。

第4章

电能计量装置状态监测评估技术

电能计量是电力生产的重要环节，电能计量装置的状态监测直接影响着电能管理的效率和水平。电能计量装置在实际运行中，因装置的可靠性、运行环境以及人为因素等原因，可能会出现各种各样的问题，主要可归纳如下：

（1）构成电能计量装置的各组成部分（电能表、互感器及互感器二次回路等）本体出现故障，如电能表或互感器误差超差或二次回路接触故障等。

（2）电能计量装置接线错误。

（3）窃电行为引起的计量失准。

（4）人为抄读电能计量装置或进行电量计算出现的错误。

（5）外界不可抗力因素造成的电能计量装置故障，如雷击、过负载烧坏等。

电能计量技术机构已从技术和管理制度两个方面，制定了如下相关措施：

（1）采用性能优良的产品，采用知名厂家的电能表，在电压互感器二次回路推广使用快速自动空气开关等。

（2）采用电能计量专用电压、电流互感器。

（3）对经常落雷地区安装的电能计量装置，在其进线处安装避雷器。

（4）加强电能表、互感器及其二次回路、二次负荷的现场校验。

（5）严格电能计量装置的倍率管理，加强封印管理，不受人为损坏。

由于电能计量管理存在的面大点多的客观事实，实际生产中因校验周期以及现场校验的检查项目较少等原因，一般较难发现问题。随着电力系统相关技术的发展和电能管理系统的不断完善，运用新的理论方法和先进的技术手段解决电能计量装置在实际运行中的具体问题已成为当务之急。应用电能计量自动化系统通过对现场检测数据的深度分析，利用实时在线监测的方法，及时发现电能计量装置的运行问题是解决问题的有效手段和技术发展的必然趋势。本章将在介绍计量自动化系统基本体系结构的基础上，具体阐述状态评估技术在计量自动化系统中应用的方法。

4.1 计量自动化系统的基本体系结构简介

计量自动化系统是集数据采集、业务应用分析及数据共享于一体的统一综合业务应用平台，其作用包含两个方面：①提高电能计量的准确性、即时性、可靠性、稳定性；②为了电能的合理使用、用电监测、负荷分析、计费结算、加强大客户的用电管理，防止丢失电量，提高电能计量、监测的自动化水平，并建立大客户用电管理系统，作为电力需求侧管理以及将来电网商业化运营的重要技术支撑系统。

目前，各厂家的计量自动化系统基本是参照《电力能效监测系统技术规范（征求意见稿）》开发设计的，目标是对电能计量管理实现以"一个平台、三个中心"的模式建设运行。一个平台指数据采集平台，三个中心指运维监控中心、数据管理中心、计量应用中心。系统研发时，将系统划分为"一个平台、三大功能模块"，细分为 62 个一级功能模块，192 个二级功能模块，目的是达到供电局电能计量数据集中采集、统一管理，统一应用，实现电能计量由"计量装置管理向数据管理的转变"，从而进一步提高供电局计量自动化系统水平，更好地为电网安全运行、可靠供电、优质服务、信息辅助决策提供完备、及时、准确、安全的数据支撑。本节将以某公司为南方电网安装的供电局计量自动化系统为例介绍计量自动化系统的基本体系结构。其系统架构如图 4.1 所示；图 4.2 所示为计量

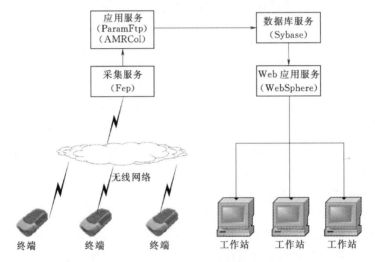

图 4.1　系统架构图

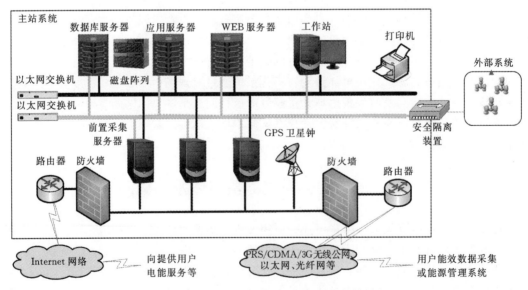

图 4.2　计量自动化主站系统的物理框架结构示意图

自动化主站系统的物理框架结构示意图；图 4.3 所示为计量自动化系统通信网络的连接示意图；图 4.4 所示为主站系统的功能项层次结构方框图，图中标注带"＊"的项为计量自动化系统配网部分所特有功能项，带"＊＊"的项为计量自动化系统主网部分所特有功能项。

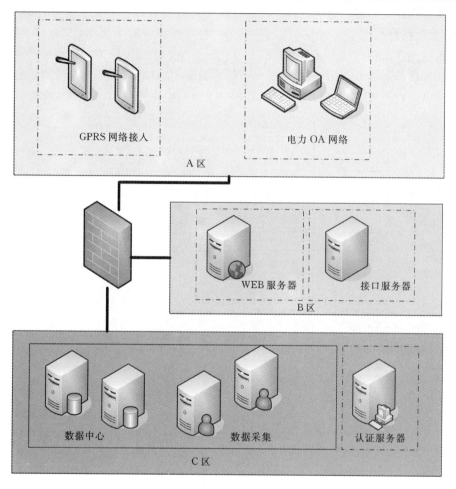

图 4.3　计量自动化系统网络的连接示意图

如图 4.4 所示，各部分的功能分述如下。

1. 首页

系统首页分为全局供售、综合线损、用电分析、指标工况四大功能板块，并可对首页的模块进行自定义设置，根据需要进行展现、隐藏的调整，对系统的整体情况有一个概况展现。各板块的功能分别是：

（1）全局供售页面。可以提供显示供电局供电量构成分析、供电局售电量构成分析、全局供售电量对比、售电侧实时负荷情况、公司前若干名专变用电大客户、售电侧负荷极值等数据的实时信息。

1）供电量构成分析。数据包括全局总供、地市总供、地方电厂。可据需要查询日电量和月电量。

2）供电局售电量构成分析。包括专变总售、专线总售、公变总售及对应数据项的同比情况，点击全局总售、公变电量、专线电量、专变电量可查看到明细数据，例如，按日查询，点击"公司总售"，查看的是公司总售电量的明细情况。

3）全局供售电量对比。可按日、月的时间类型进行查询，对应展现每日或每月的供售电量情况及综合线损率。点击对应的柱状图，可查看对应的日或月明细。

4）售电侧实时负荷情况。可选择总、专变、公变、专线不同类型的负荷进行查询。

5）公司前若干名专变用电大客户。提供公司用电量排名前若干名的用户信息。

6）售电侧负荷极值。查看当日、上日的最大负荷、最小负荷、极值及发生时间。

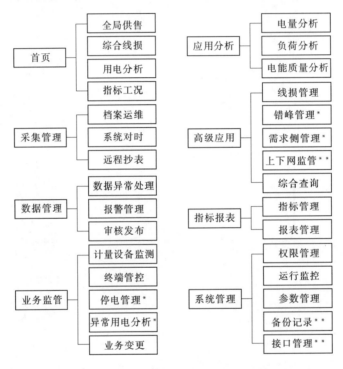

图4.4 主站系统的功能项层次结构方框图

（2）综合线损页面。提供供电局各分区/分压线损综合情况、分线线损综合情况、分台区线损综合情况的实时信息，并具有查询各类线损历史数据的功能。

1）分区/分压线损综合情况。分区线损数据是针对全局各分局的线损情况，包括供入电量、供出电量、损失电量、线损率、同比线损率、环比线损率和理论值；分压数据是针对各电压等级（500kV及以上、220kV、110kV、35kV、10kV、其他）的线损数据，包括供入电量、供出电量、损失电量、线损率、同比线损率、环比线损率和理论值。

2）分线线损综合情况。统计各等级线损率的线路条数及占比情况。

3）分台区线损综合情况。统计各等级线损率的台区数及占比情况。

4）查询。输入时间类型（日、月，默认为月），选择时间，进行查询；点击各类线损数据或图形，可链接到各分局线损的情况。

（3）用电分析页面。可提供包括用户行业构成分析、用电性质构成分析、三大产业构成分析、报装容量构成分析、三大产业按机构统计、报装容量按机构统计等用电分析数据，且各分析统计数据可以根据日或月的时间类型做选择性查询。

（4）指标工况页面。提供如下统计数据：

1）用户统计指标。地方电厂（地方电厂数、接入数、终端数、覆盖率、表计数）、变电站（500kV \ 220kV \ 110kV \ 35kV \ 总计变电站数及其接入数）、专变（用户数、接入数、终端数、覆盖率、表计数），台区（台区数、接入数、终端数、覆盖率、表计数）、集抄（用户数、接入数、集中器数、覆盖率、表计数）。

2）计量设备指标。按日/月统计的厂站、专变、公变、低压集抄的通道完好率/终端在线率、数据完整率、抄表成功率。

3）报警统计。按日/月统计报警总数、普通报警/重要报警数、一类/二类/三类/四类/五类/六类报警数，以及这六类报警的占比情况。

4）工单处理情况。按日/月统计各单位工单处理情况，包括工单总数、已归档工单数、未归档工单数、完成率、及时处理工单数、及时率。

5）数据发布统计。按日/月统计各单位的数据发布情况，包括应发布表计数、自动抄表成功数、已发布表计数、发布率。

2. 采集管理

采集管理是指采集平台的数据采集管理。数据采集是主站系统的核心部分，是进行数据分析和业务应用的基础，对数据的实时性、准确性、完整性有很高的要求。采集管理包括：档案运维、系统对时、远程抄表等子功能板块。

（1）档案运维。档案运维管理是对所有计量资料档案的管理，满足对各种基础档案的增删改，对设备资产的维护，对不同要求的资料统计及档案异常的核查需求。档案运维管理包含五个子功能模块，分别是：基础资料、资料核对、资料统计、设备资产、集团客户，每个子功能和树型结构相结合使用，树型结构可展现的最底层为测量点，支持基础档案的新建、修改、删除、保存，支持档案的统计，支持基础档案的统计及导出 Excel 要求。

（2）系统对时。功能是对系统服务器、终端、电表进行对时，以保证计量自动化系统内设备时钟保持同步，减少因时钟异常而导致的数据采集、计算、统计分析错误。系统自动或手工进行时钟同步，当发现时钟超差时则生成时钟异常事件，需要消缺处理（对调试运行过程中发现的缺陷进行消除）则生成现场消缺工单进行现场消缺处理。对时处理的内容有：

1）对时统计。对时统计包括系统对时统计和时钟异常统计。系统对时统计针对不同对时类型统计系统的对时情况；时钟异常统计可按供电单位、设备厂家等条件进行统计汇总。

2）时钟同步。系统对时主要分终端对时、主站对时两种，终端（各电能计量表计）对时通过系统对终端，终端对表计的方法实现对时，主站对时通过 GPS 时钟进行对时。服务器及终端时间都以 GPS 时钟进行对时。

（3）远程抄表。远程抄表是计量自动化系统的基础。远程抄表通过自动或手动发起远程抄表指令完成，实时显示抄表获取的数据记录及相关统计结果，并对异常结果进行告警显示。系统可选择全部计量点或者部分计量点进行远程抄取，也可按照计量点类型分类抄取，还可以显示抄表失败的计量点或者数据校核存在异常情况的计量点进行抄取。

通过设置自动抄表任务，抄表失败的计量点系统可自动列入补采计划，自动进行补采，且可设置补采次数。对补采失败的列入抄表失败清单，自动分析并注明失败原因，同时发出抄表失败告警，抄表任务策略（频率、不同类型用户的优先级）可以由供电局自定义设置，支持人工补采，计量业务人员可对抄表失败的计量点进行批量或单点补抄。

远程抄表包括：采集参数、任务设置、抄表数据、数据召测、任务补召等功能项，具体完成如下工作：

1）采集参数。任务设置的采集参数维护。包括采集数据项、补采周期、采集周期。

2）任务设置。设置计量自动采集数据内容，按采集数据类型分类下发。系统提前定义好各类计量采集任务、任务采集数据项及任务执行频率等参数，形成任务模版，抄表任务策略（频率、不同类型用户的优先级）可以由供电局自定义设置。根据计量点类型下发采集任务模版，进行数据采集。并对采集设备的任务进行管理，包括新增任务、重投任务、启用任务、停用任务、删除任务。

3）抄表数据。抄表数据功能主要显示电量表码及负荷原始数据，支持时间段、时间点查询，支持 Excel 导出。

4）数据召测。数据召测功能结合树型网络结构，可以对终端节点，测量点节点进行实时召测及事件召测，可选择终端逻辑地址查询条件、数据类型查询后进行召测。

5）任务补召。任务补抄是指对自动抄表失败的任务，可手工进行补抄。系统可根据设置自动对初次抄表失败或抄表数据异常任务自动生成补抄任务，由后台自动补抄，如果自动补抄失败则写入抄表失败清单。对抄表失败清单用户可以手工补抄。

3. 数据管理

数据管理菜单是对采集平台回来的数据进行分析、对比、审核、发布等相关菜单进行归类管理。数据管理是计量自动化系统数据的重要分析手段，是进行数据分析和业务应用的基础。数据管理包括：数据异常处理、报警管理、审核发布等子功能板块。

（1）数据异常处理。数据异常处理指对系统采集回来的数据根据异常数据条件进行判断，对异常的数据进行工单流程的处理，工单可由系统根据配置自动生成，也可以手动录入形成。工单统计功能涉及与上一级计量系统与营销系统的流程交互，需要对工单在不同环节的处理流程进行监控和统计。报警工单统计功能能够查询工单在上一级计量系统与营销系统所处状态，并且支持多维度查询统计。具体包括：

1）工单登记。工单登记是对系统没有自动形成工单，又需要走工单流程的异常事件进行手动登记，并进入工单流程进行处理。

2）工单查询。工单查询功能可对所有的工单按不同的查询条件进行查询，可以查看到工单的处理情况及工单轨迹，能及时地掌握工单的进度信息，包括工单信息、历史工单两个表格页。

3）工单统计。工单统计可以按时间范围、地域划分、终端类型、行业类型、用电性质、报装容量、异常类型、工单状态、所处环节、处理结果等不同维度进行查询统计，支持汇总统计数据计算及详细内容连接查询。

（2）报警管理。报警管理的内容包括报警监测、报警查询、报警配置、报警分析。

1）报警监测。报警监测是指现场设备、应用系统根据报警规则实时监测，发现异常时及时处理分析。报警监测包括终端设备报警监测、主站系统报警监测、通道状态报警监测。

2）报警查询。可根据设置的查询条件进行查询，可对要求满足多种查询条件结合的数据情况进行检索。查询条件分为综合查询、按厂家统计、按终端统计、按类型统计等几个表格页面对报警的数据进行统计。

3）报警配置。把各种不同的报警项按报警级别、报警类型进行归类，对异常告警是否生成工单进行设置，系统根据配置的参数，自动分类、自动形成工单。

4）报警分析。对各类报警进行分析，查看时间段内报警的趋势情况及报警的构成情况。

（3）审核发布。审核发布完成对庞大的电能量数据进行质量把关的功能，并以处理流程的形式简化异常数据的定位操作，提高数据审核的可操作性与严谨性。上一级计量系统根据审核结果，对通过审核的各计量点数据发布至营销系统进行核算。该功能模块包括数据审核、数据发布两部分。

1）数据审核。对系统需要发布的数据进行审核，系统根据数据异常判断，列出数据的审核情况。

2）数据发布。数据发布由系统根据发布的配置信息，自动发布数据，并可对发布的数据进行统计，查看明细信息。包括发布配置、发布统计、发布明细三个 Tab 页。数据发布起到对已审核完毕的电能量数据（日/月表码、电量）进行发布控制和监管的作用，可以实现电能量数据精细化管理，最大限度确保数据的安全性和可控性，实现数据用途跟踪管理。

4. 业务监管

业务监管完成对终端和设备运行、停电、异常用电以及计量业务变更的监控和管理，并对异常的信息进行统计分析，是进行数据采集和管理的必要条件。业务监管包括：计量设备监测、终端管控、停电管理、异常用电分析、业务变更等子功能板块。

（1）计量设备监测。计量设备监测是指对系统内的计量装置、抄表终端及电能表进行运维监测。发现异常后，可实时生成报警或生成业务工单。其计量设备工况分析功能实现对计量装置（终端、表计）运行工况、通道工况、通信流量等的历史数据进行多维度分析，为设备校验检修、故障监测提供依据。计量设备监测功能能够以单位（如省公司、地市局、区县局）的形式，按厂家维度统计该单位终端的在线率、流量情况的信息。监测参数有：

1）通道完好率。按统计类型（实时、日、月）、厂站类型等不同维度进行查询统计，支持多媒体图形动态展现，包括完好率（按机构）、完好率（按厂家）两个表格页。

2）通道检测。对所有的通道检测结果和测量点监测结果按不同的查询条件进行查询，可以查看到通道检测结果和测量点监测结果信息，能及时地掌握通道监测情况，包括通道检测、测量点监测两个数据表格页。

3）抄表成功率。可查看各下属供电局的各个厂站抄表统计情况，也可指定某个厂站查看各电表抄表情况。

4）抄表监测。对数据完整率，数据正确率和采集及时率进行监测统计分析，包含数据完整率分析、数据正确率分析和采集及时率分析三个表格页。

5）远程检验。通过计算机网络或 GPRS 专网通道向指定的现场终端发送校验指令，现场终端接收指令，同时按照指令进行功能或数据的校验，将校验的结果返回到计量自动化系统中，并在系统中展现校验的全部过程和结果，从而完成现场计量装置的检验。远程检验主要包含：远程监测、历史监测、统计分析、规则定义等四个表格页。

（2）终端管控。终端管控是指对厂站终端、专变终端、配变终端、低压集抄终端等采集设备统一的管控视图，通过视图监视设备安装、调试、采集、应用等多个环节的关键信息。设备安装环节的关键信息包括安装人、安装时间、安装地点等；设备调试环节关键信息包括调试人、调试时间、调试结果等；设备采集环节关键信息包括采集方案内容、采集任务状态、采集指标等；设备应用环节关键信息包括远程抄表状态、电压监测情况、停电报警监测情况等，从而实现对采集设备的全方位监测、管控。

终端管控还有一个职责是对终端升级功能的管理。终端升级是指由于业务发展需要增加或修改终端规约，现场终端需升级软件程序以满足业务发展需要，而由计量自动化系统提供的终端升级管理功能。终端升级包括终端升级和终端升级统计两个数据表格页。

（3）停电管理。停电管理完成根据终端上报停电事件为供电线路故障停电抢修、快速复电提供准确的线路停电告警，以及停电跟踪处理等功能。

主站接收到终端上报的停复电事件后，根据规则自动分析排除误报事件。系统提供重点客户停电监测功能，通过重要客户制定及其停复电信息采集，实现停电情况监测，结合营销系统的重点客户信息和用户用电信息实现重点用户监测，监测内容包括停电时间、停电负荷、停电时长、告警类型等。停电时间统计功能，自动对停电事件进行分析判断，并把分析后的停电信息传递到营销管理信息系统，统计停电时间汇总，提供相应的停电事件来源及参数配置，为客户统计用户停电时间提供数据支撑，提高供电可靠性、减少客户停电时间。

1）停电事件。停电事件对有终端告警，任务停电上送或负荷分析形成的停电事件进行统计。其作用是通过停电事件统计停电时间，为停电时间统计工作规划提供数据依据，并对各种停电事件的来源做统一管理分析。

2）停电统计。功能是统计和汇总停电时间；对停电事件进行分析判断，并把分析后的停电信息传递到营销管理信息系统；提供相应的停电事件来源及参数配置信息，为客户统计用户停电时间提供数据支撑，以利于减少客户停电时间、提高供电可靠性措施的提出。停电时间统计主要有停电统计，停电事件，参数配置等三个统计功能。

3）重点用户停电监测。提供重点用户停电监测功能，通过重要客户制定及其停复电信息采集，实现停电情况监测，结合营销系统的重点客户信息和用户用电信息实现重点用户监测，监测内容包括停电时间、停电负荷、停电时长、告警类型等。

（4）异常用电分析。通过计量系统对电网内所有计量点的监控，实现参数的实时监控、用电异常报警，如对于用户的异常用电或开启表箱时，及时提醒用电监察人员的注意。

1）计量故障分析。系统对终端/电表进行实时监测，对终端/电表的用电情况（电量、线损、负荷、三相四线）进行对比分析，并根据窃漏电诊断规则做出窃电分析。

2）异常用电分析。主要是对终端用户进行用电情况进行监视，对电量、负荷、线损等指标进行趋势分析。主要包括：监测用户定义、异常指标维护、用电异常监测和窃电用户查询四个表格页面。

（5）业务变更。完成计量业务的处理工作，包括换表（装、拆）、换互感器、旁路代供、电量替代等。其中换表（装、拆）、换互感器通过营销系统获取相应计量业务事件。数据供上一级计量系统根据获取到的计量业务事件进行记录及分析处理。操作界面有：

1）换表处理。换表处理信息的查询。可以按时间段查询，按用户号查询，按供电分局查询，按数据来源查询换表的结果，并可手工确认。

2）表码补录。对无法自动抄录或者自动抄录异常的表码数据进行查询和补录操作。

3）电量追补。对无法自动抄录或者自动抄录异常的电量数据进行查询并补录操作。

4）满码归零。查询满码归零数据，并进行手工确认操作。

5）换互感器。对异常互感器进行替换操作的记录。

6）旁路代供。查询和录入旁路代供信息。

7）电量替代。完成电量替代信息查询并手工确认操作。

8）更换终端。更换终端主要包括开始时间、结束时间查询及更换确认操作。

5. 应用分析

应用分析是利用各种分析手段，对电量、负荷和电能质量进行不同维度分析。包括：

（1）电量分析。电量分析是利用电量原始数据，从不同范围、时间段、类别，根据不同的规则及模型对电量进行分析统计，支持对比、同比和环比统计。具体有：

1）电量趋势分析。以日、月、年等时间维度对电量趋势进行组合分析，并可查看电量明细信息。

2）汇总电量查询。日电量、月电量、分时电量等电量明细信息查询。

3）特殊电量查询。特殊客户电量用电量明细信息查询。

（2）负荷分析。负荷分析利用负荷原始数据，从不同范围、时间段、类别，根据不同的规则及模型对负荷进行分析统计，支持对比、同比和环比统计，对某时间范围内的极值进行查看，跟踪不同对象用户的负荷情况。其中的负荷趋势分析从不同范围、时间段、类别，根据不同的规则及模型对负荷数据进行趋势分析统计。

（3）极值查询。负荷极值是按日报表查询。

6. 高级应用

高级分析是利用各种分析和管理手段，对线损档案、供售电进行不同维度分析和管理。包括线损管理、错峰管理、需求侧管理、上下网监管、综合查询。

（1）线损管理。线损管理遵循《南方电网公司线损管理办法（2011 年版）》规范实现管理区域内的分压、分区、分线、分台区等"四分"线损档案管理、分析、统计功能。涉及的技术指标有：线损档案、线损分析、线损报表、站用电统计报表、综合分析，并给出综合线损率和省网网损等信息。

1）线损档案。线损档案主要是对线损对象编辑、上下级关系和线损对象合并管理、线损重算、线损指标管理和配置。线损档案包括线损模型、对象合并、线损重算、线损指标和线损配置等五个表格页。

2）线损分析。线损分析是以日、月、年等时间维度对线损构成和趋势进行组合分析，并可提取查看线损明细信息。

3）线损报表。线损报表是从不同角度、各种维度对线损数据组合分析，主要包含分区统计表、分压统计表、输电线路损耗统计表、线损分台区统计表、母线电量不平衡统计表、10（6）kV 线路损耗统计表、变压器损耗统计表、线损小指标统计表等功能。

4）站用电统计报表。主要用于提供计划部需要的线损报表，报表分为站用电完成情况、站用电分析、站用电趋势分析、母线不平衡率统计、站用电率和站用电量统计。

5）综合分析。综合分析是以日、月、周等时间维度对综合数据进行组合分析，并可提取查看综合数据明细。

（2）错峰管理。错峰管理主要是对错峰产生的事件流程进行有序管理，把错峰的各环节通过系统展现。错峰管理中的错峰计划和错峰方案可通过外部接口从同级计量自动化系统的营销接口获取，如营销系统不支持也可在上一级计量系统制定错峰计划，经过审核批准后，系统自动执行错峰任务，通过错峰检查模块对错峰情况进行查询跟进，并将错峰情况通过营销接口或上一级计量系统以短信方式通知客户超负荷情况，提高错峰管理的水平。

错峰管理包括：错峰计划、错峰方案管理、错峰情况、自觉错峰率、供电预警信号、错峰配置。

1）错峰计划。完成错峰实施计划的制订，并根据错峰计划制定具体的错峰方案。

2）错峰方案管理。错峰方案的实施管理，包括发出有序用电通知书操作。

3）错峰情况。检查和记录纳入错峰方案中的用户错峰情况，对超负荷用户进行短信通知，分析错峰方案中的负荷情况。

4）自觉错峰率。统计参与错峰用户的自觉错峰率。

5）供电预警信号。供电预警信号显示当天的预警情况。

6）错峰配置。错峰短信、错峰线路类型的配置。

（3）需求侧管理。需求侧管理实现费控管理、负荷控制、客户节能管理等功能。

费控管理即预付费管理，系统可支持主站费控管理、终端费控管理、电表费控管理等三种费控管理方式；负荷控制实现对系统各类计量用户运行负荷进行控制管理，在需要的时候，对相关用户执行跳合闸控制；客户节能管理是对用户的用电提出管理性建议。

（4）上下网监管。遵循《南方电网公司上下网监管规范（2011 年版）》实现上下网对象区域内的上下监测区的数据分析与统计，所完成的管理功能包括上下网负荷监测、上下网电量分析、小水电分析、电厂综合管理。

"上下网负荷监测"和"上下网电量分析"监管功能实现对上下网负荷的监测和数据分析；"小水电分析"完成上网和用网的电量统计、潮流统计、小水电丰枯电量比对、上网与用网电量构成和趋势的分析，并可以按时间段查询明细信息；"电厂综合管理"以能源类型、日、月时间段等时间查询电厂构成，并做趋势分析，还可提取查看电厂明细信息。

（5）综合查询。主要完成以日、月、年等时间维度对供售电构成和趋势的组合分析，并可提取查看供售电明细信息。

7. 指标报表

指标报表主要完成指标管理的功能，主要包括运维日报、运维月报查询分析、考核指标检测和生成各类报表功能，并根据电量线损得分、详细线损得分、数据完整率统计得分进行全局运维综合得分排名。

运维日报是以日为维度对电量线损得分、详细线损得分、数据完整率进行组合分析；运维月报是以月为维度对工单完成情况、综合得分情况、售电统计和线损指标进行组合分析；考核指标检测是以日、月、年时间和其他维度对数据采集指标、指标检测、工单处理完成率、自动抄表率、终端指标和系统建设规模等数据组合分析。

生成的各类报表包括：含变电站日报和月报统计数据的变电站报表、提供大用户抄表日报、月报和大用户线路对比数据的大用户报表、统计地方电厂和小水电抄表数据的电厂报表、反映线损参数监测数据的线损报表以及提供给下属各二级单位使用的关口表结算报表（包括日报、月报）的区局报表。所有报表均以 Excel 文件格式输出。

8. 系统管理

系统管理设置有权限管理、运行监控、参数管理、备份记录、接口管理等五种管理功能。

（1）权限管理。权限管理功能是系统安全性以及数据安全性十分重要的功能之一，通过权限管理功能可以控制系统用户的功能操作权限、数据访问权限、功能菜单的访问权限以及对数据的查询、修改、删除等操作的权限。软件开发是采用"角色"概念实现所有用户的权限分配的。功能菜单权限与数据权限直接分配给"角色"，然后把具有相应权限的"角色"赋予系统用户，以实现权限配置复用；不同的"角色"可以赋予相同的权限，同一个系统用户也可以拥有多个角色，实际权限取多个"角色"的最大集合。具体包括：

1）菜单管理。菜单管理主要是对系统的功能菜单进行管理，体现为菜单的上下节点配置，菜单路径配置、先后排序、有效性等。菜单管理可以对菜单进行增、删、改的操作，通过菜单的有效性判断是否需要展现。

2）部门管理。部门管理功能是根据供电局部门机构编码规范为依据建立管理部门的功能。部门管理功能包含了系统用户所属部门以及资料档案所属管理机构，对系统的部门进行管理，部门的排序等均可配置。

3）用户管理。用户管理功能是对系统操作人员的管理，支持用户的创建、用户信息的维护，用户授权等信息进行维护。

4）角色管理。角色权限包括角色组合、功能权限、数据权限三个子功能，其中功能权限是对系统所有菜单功能访问权限、表格（TAB）页面访问权限以及按钮操作权限的控制；数据权限功能是对系统用户访问计量点数据范围的权限控制功能，系统用户只有拥有了计量点对象的数据权限才能访问和操作这个计量对象的资料档案与数据，角色管理可对多个不同的角色创建角色组合，满足不同用户的角色需求，功能角色对角色定义功能，再授权到相应的用户，满足用户的角色授权。

（2）运行监控。完成日志监管、通知管理以及规则库管理的工作。

1）日志监管。日志监管分为系统访问日志监管、档案修改日志监管和参数修改日志监管三部分。管理人员可随时按照所属管理部门、时间范围、事件类型等条件查看、汇总、统计、审批用户的工作日志。

2）通知管理。通知管理系统对信息规则进行单独管理，一方面使得管理变得更加容易，同时也使得信息查询变得便捷。

3）规则库管理。规则库管理系统对业务规则进行单独管理，目的是便于管理的同时，对业务规则也可以提供保护。

（3）参数管理。参数管理主要是对系统的可配置参数，各种模型的分析对象进行管理。包括系统参数、数据字典的管理。

1）系统参数。系统参数管理功能是对系统运行过程所需配置信息的管理，计量系统涉及区域众多且运行数据量庞大，系统运行所需参数可根据实际情况进行配置，支持计量系统所有系统运行所需参数内容的配置，支持对运行的系统参数进行增、删、改、查操作；支持实时加载，当对系统参数进行修改并保存后系统立即加载新参数并以新参数运行。

2）数据字典。数据字典完成对各种模型的分析对象的管理，主要包括采集域编码、常用编码、档案域编码、系统域编码和各种编码对应的信息明细，可以在此界面进行维护。

（4）备份记录。备份记录管理功能记录每次备份的相关信息，目的是便于了解数据库的备份情况。

（5）接口管理。包括统一接口和营销接口的管理。统一接口功能是对接口每次接口的相关信息，有助于了解数据库的接口情况；营销接口功能是对营销接口每次接口的相关信息，有助于了解数据库的接口情况。

由上述介绍可见，计量自动化系统不仅提供了一个完备的数据采集和分析平台，而且提供了一个功能丰富的管理平台，由于系统的可扩展性，先进的故障诊断和状态评估技术都可以嵌入到该系统中，从而可以达到不断提高和完善系统性能的目的。

状态监测的任务是通过对设备运行监测数据的分析，对设备运行状态处于正常还是异常作出判断，根据历史档案、运行中出现的故障特征或征兆，判断故障的性质和程度，从而对设备的运行状态进行评估，并对这种评估进行分类，为状态监测评估的实施提供依据。本章下面各节将具体介绍利用计量自动化系统提供的数据，采用第三章所介绍的各种状态分析评估的理论，对电能计量装置的运行状态进行分析评估的具体过程和实现方法。

4.2 基于电工理论的电能计量装置监测方法

电工理论方法是最直接、最基本的在线监测方法，而数据采集系统和数据处理系统是决定电能计量系统工作正常与否的关键因素。正如第 3.2 节所介绍，通过利用电工原理中的电流、电压、功率、相位以及相位差等参数在电网中运行时必须满足的等式约束条件和不等式约束条件，可以通过在线监测的参数数据实现对电能计量装置中数据采集系统和数据处理系统（包括电能表、电能表的接线、互感器及二次回路阻抗等单元）的在线监测。

4.2.1　三相电能表的状态监测

三相电能表有三相三线制和三相四线制两种不同的接线方式。以高供高计和高供低计分别对三相三线制和三相四线制接线方式的电能表状态监测的实现过程分述如下，其他运行条件及接线方式下的监测可以参照此过程进行类似的分析。

1. 三相三线制

三相三线制电能计量采用两表法的电能计量方法。图 4.5 所示为利用线电压 U_{AB}、U_{CB} 和线电流 I_A、I_C 在高压侧测量电能的 10kV 中性点不接地系统高供高计三相电能表的接线原理图和相量图。

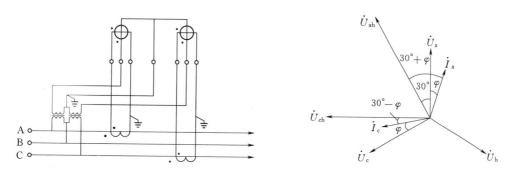

图 4.5　高供高计接线方式及其相量图

由电工原理理论可知，三相功率为：

$$P = U_{AB}I_A\cos(30° + \varphi_A) + U_{CB}I_C\cos(30° - \varphi_C) \tag{4.1}$$

电力系统运行规程规定：对于 10kV 电压等级，电压合格率的标准为额定电压的 $\pm7\%$，若采用的电压互感器的额定输出电压为 100V，则可以采用通过电压互感器反映到二次侧电压值 93～107V 作为判断电压合格率的标准。考虑大功率设备的起停对电压的影响，对超出电压合格率标准并持续运行时间 t 根据线路的负荷情况做一个容许限制，如假设持续时间超过 1min 就判定为可能出现了计量设备的故障可能性，即可获得如下故障判据：

$$\begin{cases} 107\mathrm{V} \geqslant U \geqslant 93\mathrm{V} \\ t \geqslant 1\mathrm{min} \end{cases} \tag{4.2}$$

另外，对于三相三线制系统而言，三相负荷电流应该是基本对称平衡的，并且电流的模数值大致是相等的，考虑到计量电流互感器和电能表最大计量误差，可规定电流的最大不平衡度：

$$I_{\mathrm{bp}} = \frac{|I_A - I_C|}{I_A} \times 100\% \leqslant \delta_1 \tag{4.3}$$

作为电流回路异常的判据，式中 δ_1 为最大不平衡度允许值，可参照相关电能质量标准予以整定在 2%～3% 之间。

对于不满足式（4.2）和式（4.3）的电能计量单元，可以作为状态监测的重点对象予以注意，而相应记录的数据也可为以后处理电量纠纷工作带来方便。

2. 三相四线制

三相四线制电能计量采用三表法的电能计量方法。图 4.6 所示为含有电流互感器的在低压侧测量电能的 380V 中性点直接接地系统高供低计三相电能表的接线原理图和相量图。

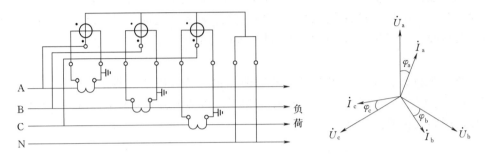

图 4.6　高供低计接线方式及其相量图

由电工原理理论可知，三相功率为：

$$P = U_{AN}I_A\cos\varphi_A + U_{BN}I_B\cos\varphi_B + U_{CN}I_C\cos\varphi_C \tag{4.4}$$

电力系统运行规程规定：对于 380V 电压等级，满足电压质量标准的电压为（$-10\%\sim +7\%$），U_N（U_N 为额定电压）其电压有效值应该在 $198\sim 235.4$V 范围内变化。考虑大功率设备的投切对电压幅值的影响，同样给出一个允许电压超限的最大时间限制，如假设持续时间超过 2min 就判定为可能出现了计量设备的故障可能性，即可用电压参数获得如下判定电压采样故障的判据：

$$\begin{cases} 198V \geqslant U \geqslant 235.4V \\ t \geqslant 2min \end{cases} \tag{4.5}$$

另外，对于三相四线制系统而言，三相相电流与零序电流的采样值之间应该满足等式 $I_{k0} = I_{kA} + I_{kB} + I_{kC}$（式中的下标 k 表示第 k 次采样值），若对电能表结构进行改造，在中性线回路中串联一个电流互感器对零序电流进行采样，在智能电能表的 CPU 中利用式（4.6）对采样的零序电流与三相电流进行分析，考虑计量误差的存在，可获得判据：

$$I_\Delta = \frac{|I_{k0} - (I_{kA} + I_{kB} + I_{kC})|}{|I_{k0}|} \times 100\% \leqslant \delta_2 \tag{4.6}$$

作为电流回路异常的判据，通过对连续多次采样的数据的计算（如一个周期的数据），通过统计其越限的次数占比情况判断电流回路的工作状态。式（4.6）中 δ_2 为检测及计算最大误差允许值，其值可根据现场设备安装条件整定在 $2\%\sim 3\%$ 之间。

也可通过计算各电流的有效值后，利用公式（4.7）作为电流回路异常的判据。

$$I_\Delta = \frac{|\dot{I}_0 - (\dot{I}_A + \dot{I}_B + \dot{I}_C)|}{|\dot{I}_0|} \times 100\% \leqslant \delta_2 \tag{4.7}$$

同样，对于不满足式（4.5）和式（4.6）［或式（4.7）］的电能计量单元，可以作为状态监测的重点对象予以注意，相应记录的数据可作为以后处理电量纠纷工作的支撑材料。

3. 案例分析

【例 4.1】　某小型机械加工企业变压器容量为 $S_e = 1000$kVA，电流互感器变比为

120/5，采用三相四线制电能计量方式，电能表记录的各项电流数据如下：$I_A = 2.7A$，$I_B = 3.5A$，$I_C = 3.5A$，$I_0 = 0.71A$，$\cos\varphi_A = 0.92$，$\cos\varphi_B = 0.92$，$\cos\varphi_C = 0.90$。由式（4.7）对电流回路的工作状态的分析计算过程如下。

设 A 相电压为参考相量，则：

$$\dot{I}_A = 2.7\sqrt{2}\cos(\omega t - 23.07°)$$

$$\dot{I}_B = 3.5\sqrt{2}\cos(\omega t - 143.07°)$$

$$\dot{I}_C = 3.5\sqrt{2}\cos(\omega t + 94.16°)$$

故有：
$$I_\Sigma = |\dot{I}_A + \dot{I}_B + \dot{I}_C| = 0.67(A)$$

于是可得其电流计算偏差为：

$$I_\Delta = \frac{|I_0 - I_\Sigma|}{I_0} \times 100\% = \frac{0.71 - 0.67}{0.71} \times 100\% = 5.6\%$$

由于采样电流计算误差超标，故报警提示。现场检查发现，B 相被误装变比为 100/5 的电流互感器，而其他两相的均为 120/5。将 B 相电流互感器的变比更改为 120/5 后计算，则由于 B 相电流互感器一次电流为 $I_B = 3.5 \times (100/5) = 70(A)$，二次电流实际应为 $I_B = 70 \times (5/120) = 2.92(A)$，按照上面的过程重新计算，可得三相负荷电流相量的代数和的模值为：

$$I_\Sigma = |\dot{I}_A + \dot{I}_B + \dot{I}_C| = |2.7\angle -23.07° + 2.92\angle -143.07° + 3.5\angle 94.16°| = 0.71(A)$$

即三相电流的相量和 $I_\Sigma = I_0$。该案例表明，通过利用电路必须满足的等式约束条件和不等式约束条件，可以及时发现电能表存在的计量异常问题。

4.2.2 电能表的接线

电能表的接线必须按设计要求和规程规定正确进行，若接线不正确，即使电能表和互感器本身的准确度都很高，也达不到准确测量的目的，因此对接线正确与否的检查是电能计量装置运行状态监控的重要内容之一。

电能表接线的判断有六角相量图法、相位表法、断 B 相法、电压置换法等多种方法。相位表法通过利用便携式伏安相位表测量相位，绘制相量图的方法进行接线分析。断 B 相法和 A、C 相电压置换法都是在三相电路对称负载平衡，且已知电压相序及 B 相电压接线正确条件下对三相三线制电能表接线的判断方法。其中：断 B 相法是将两表法中两块电能表连接在 B 相电压端钮的接线断开后短接，若电能表的转速比未断开 B 相电压时慢一半说明接线正确；电压置换法是通过将 A 相电压接头和 C 相电压接头互换，若电能表停走证明接线正确。

以上方法中，六角相量图法最适于远程校验。通过对来自数据采集系统的电流和电压信号的相位分析，六角图法不但能判断电能表接线是正确还是错误，而且可以通过对相量图的分析，判断出错误接线的类型。

有关六角图法的理论请参见第 3.2 节，用六角图的相量分析电能计量装置二次接线的方法和步骤如下：

（1）画出六角图。

（2）根据负荷分析电流相量应在的正确位置。

（3）按照分析结果画出二次接线图及其相量图。

（4）计算出相应的更正系数，并计算出正确的电能计量度数。

（5）由已知接线的错误原因，绘出正确接线图。

通过上面的步骤，就可以准确判断出电能表二次接线是否正确，以及在错误接线的情况下如何计算出正确的计量度数。限于篇幅，本书以电能表电流二次回路极性接反、电能表的电压相序第一相和第二相调换错为例介绍该方法的实现过程。感兴趣的读者可以参考相关书籍。

【例 4.2】 电能表电流二次回路极性接反。

根据以上步骤，判断某用户的电能表接线是否错误的分析过程如下。

（1）画出六角图。由依照 DL/T 645—2007《多功能电能表通信协议》获取的来自电能表的现场采集数据，按照前面介绍六角图的画法，画出六角图如图 4.7（a）所示。

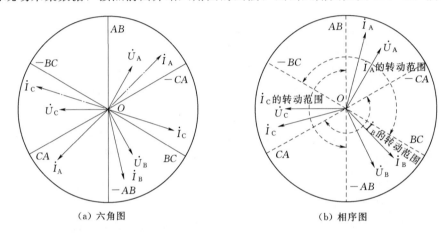

(a) 六角图　　　　　　　　　(b) 相序图

图 4.7　实测数据六角图与正确相序图

（2）根据负荷分析电流相量应在的正确位置。因负荷是感性负荷且处于用电状态，根据 3.2 节介绍的六角图法各相量之间应该具有的正确的相量关系，由图 4.7（b）可知，$\dot{I}_A$ 应在由 U_A、O、BC 三条线段所构成的扇形 $U_A OBC$ 内转动；$\dot{I}_B$ 将在扇形 $U_B OCA$ 内转动；$\dot{I}_C$ 将在扇形 $U_C OAB$ 内转动。各相电流之间相位互差 $120°$。而从图 4.7（a）可见：$\dot{I}_A$（实线）、$\dot{I}_B$ 和 $\dot{I}_C$（实线）中只有 $\dot{I}_B$ 在规定的范围转动，且各相电流之间的相位并不互差 $120°$。由此可得出结论：该用户电能表二次接线中电压的相序正确，B 相电流接线正确，A 相和 C 相的电流回路正负极接反了。

（3）按照分析结果画出二次接线图及其相量图。根据上述的分析，可以画出错误的二次接线图，如图 4.8 所示。

图 4.9 所示为在错误接线图情况下的各相电流和电压的相量图。

（4）计算正确的电能计量度数。根据图 3.9（a）可计算在错误接线方式下的有功功率的结果如下：

第一组元件　　　$W_1 = U_{AB} I_A t \cos(180° - 30° - \varphi) = U_{AB} I_A t \left(-\dfrac{\sqrt{3}}{2}\cos\varphi + \dfrac{1}{2}\sin\varphi \right)$

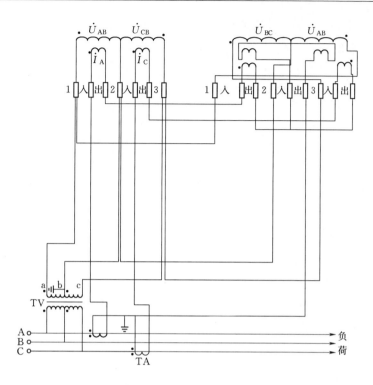

图 4.8 错误的二次接线图

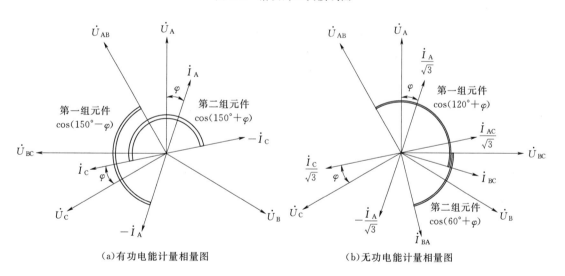

(a)有功电能计量相量图

(b)无功电能计量相量图

图 4.9 错误接线图情况下的相量图

第二组元件　　$W_2 = U_{CB}I_C t\cos(180°-30°+\varphi) = U_{CB}I_C t\left(-\dfrac{\sqrt{3}}{2}\cos\varphi - \dfrac{1}{2}\sin\varphi\right)$

由于三相电压和三相电流通常是平衡的,即有 $U_{AB}=U_{BC}=U$、$I_A=I_C=I_\varphi$。将上述关系代入两组元件总和公式中,则两组元件总和为:

$$W = W_1 + W_2 = -\sqrt{3}UI_\varphi t\cos\varphi$$

由计算结果可见：两组元件电能计量总和为负值，为电能功率输出状态。而实际负荷消耗电能的正确数值 W_0 为 $W_0 = \sqrt{3}UI_\varphi t\cos\varphi$，表明电能表所计量的读数要乘以 -1 才是正确的读数。

根据图 3.9（b）可计算出无功功率（按 $60°$ 移相原理的无功电能表为例）为：

第一组元件　　$Q_1 = U_{AB}I_{BC}t\cos(120°+\varphi) = U_{BC}I_{BA}t\left(-\dfrac{1}{2}\cos\varphi - \dfrac{\sqrt{3}}{2}\sin\varphi\right)$

第二组元件　　$Q_2 = U_{BC}I_{BA}t\cos(60°+\varphi) = U_{BC}I_{BA}t\left(\dfrac{1}{2}\cos\varphi - \dfrac{\sqrt{3}}{2}\sin\varphi\right)$

同样考虑到 $U_{AB}=U_{BC}=U$、$I_A=I_{BA}=I_C=I_{BC}=I_\varphi$，则有两组元件总和为：

$$Q = Q_1 + Q_2 = -\sqrt{3}UI_\varphi t\sin\varphi$$

由计算结果可见：两组元件计量无功总和为负值，所以无功电能表计量为无功功率输出状态（容性无功）。而实际负荷消耗无功电能的正确数值 Q_0 为 $Q_0 = \sqrt{3}UI_\varphi t\sin\varphi$，必须将电能表所计量的读数要乘以 -1 才是正确的读数。

（5）正确的二次接线。根据上述的分析，可以得知二次接线的错误所在。图 4.10 所示为电能表正确的二次接线图。

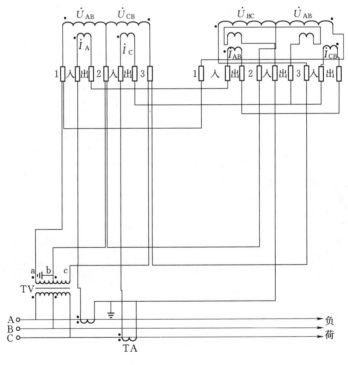

图 4.10　正确的二次接线图

【例 4.3】　电能表的电压相序第一相和第二相调换错。

按照六角图法的分析计算步骤，分析如下。

（1）画出六角图。按照前面介绍六角图的画法，由采样数据可得到两表法对三相三线制电能计量的各电流电压的相量关系如图 4.11（a）所示。

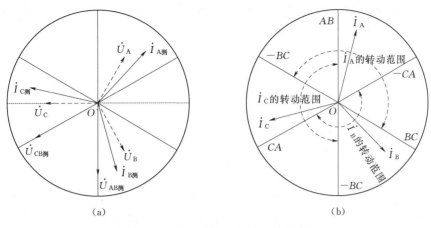

(a)　　　　　　　　　　　　　(b)

图 4.11　实测数据六角图及正确相序图

（2）根据负荷分析电流相量应在的正确位置。因负荷是感性负荷且处于用电状态，根据 3.2 节介绍的六角图法各相量之间应该具有的正确的相量关系，如图 4.11（b）可知，$\dot{U}_{AB}$、$\dot{U}_{BC}$ 和 $\dot{U}_{AC}$ 之间相位应互差 $+120°$，但实测电压相量 $\dot{U}_{AB}$ 和 $\dot{U}_{BC}$ 之间相差 $-120°$。以图 4.11（b）为基准，若将 A、B 端钮互换位置，可见六角图即可满足规范要求，由此可得出结论：该用户电能表二次接线中电流接线正确，电压回路的 C 相电流接线正确，A、B 相接线错误。

（3）按照分析结果画出二次接线图及其相量图。根据上述的分析，可以画出错误的二次接线图，如图 4.12 所示。

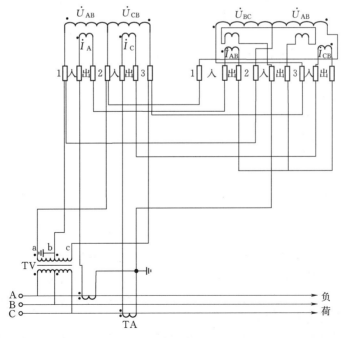

图 4.12　错误的二次接线图

（4）计算正确的电能计量度数。根据图 4.12 可计算在错误接线方式下的有功功率的结果如下：

第一组元件　　　$W_1 = U_{BA} I_A t \cos(150° - \varphi) = U_{BA} I_A t \left(-\dfrac{\sqrt{3}}{2} \cos\varphi + \dfrac{1}{2} \sin\varphi \right)$

第二组元件　　　$W_2 = U_{CA} I_C t \cos(30° + \varphi) = U_{CB} I_C t \left(\dfrac{\sqrt{3}}{2} \cos\varphi - \dfrac{1}{2} \sin\varphi \right)$

当三相负载为对称性负载时，有 $U_{AB} = U_{BC} = U$、$I_A = I_C = I_\varphi$。将上述关系带入两组元件总和公式中，则两组元件总和为：

$$W = W_1 + W_2 = 0$$

由计算结果可见，两组元件电能计量总和为零，处于不消耗电能状态。而实际负荷消耗电能的正确数值 W_0 为 $W_0 = \sqrt{3} U I_\varphi t \cos\varphi$，表明电能表所计量的读数完全错误。

根据图 4.12 同样可计算出无功电能的错误接法数值。

（5）正确的二次接线。根据上述的分析，可以得知二次接线的错误所在。图 4.13 所示为电能表正确的二次接线图。

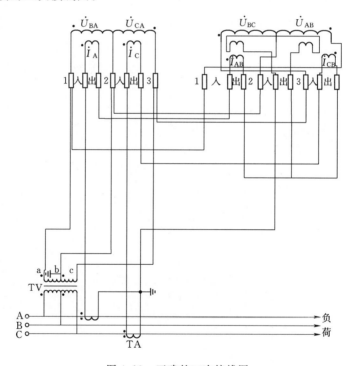

图 4.13　正确的二次接线图

通过上述两个例子可知，六角图法可以利用现场智能电能表传送的电流电压数据实现对电能计量装置二次接线是否正确的远程检验，过程简单，结论可靠。此外，利用六角图法还可以轻松求出电能计量装置的正确读数以及分析错误接线的方式，对电能计量自动化系统计量功能的完善具有重要意义。

电能计量装置二次接线的错误形式多种多样，六角图法均易于分析并判断出二次接线的错误之所在，读者可以按前文介绍的步骤对其他接线错误自行推演，本书不再逐个详述。

另外，通过六角图法显示的各相电流和电压的相位关系，可以依据电能质量标准中的关于功率因数的规定，通过对功率因素角的计算初步判定用户的用电状态（是否窃电）。

全国供用电规则规定，在电网高峰负荷时，用户的功率因数应达到的标准为：高压用电的工业用户和高压用电装有带负荷调整电压装置的电力用户，功率因数为 0.90 以上；其他 100kVA 及以上的电力用户和大中型电力排灌站，功率因数为 0.85 以上；居民照明用电在 0.85 以上；农业用电功率因数为 0.80 以上。由此可以看出，若长期存在 $\Delta\varphi > 32°$ 的情况，即需对用户的用电情况进行重点检查。

4.2.3 互感器及二次回路阻抗

互感器作为一种电流和电压测量工具，其工作的可靠性和稳定性得到了长期的工程实践检验证明，因此，从对电能计量的影响角度讨论，在实际应用中应该重点关注的是二次回路阻抗以及各种人为窃电操作的监测。由于目前应用于电能计量的互感器基本上都是电磁式互感器，本书将以这种互感器为对象进行分析和讨论。

对于电流互感器而言，诚如第 2.2 节所分析，二次回路阻抗对计量精度的影响主要是因阻抗的增大导致的激磁电流增加引起的，也就是二次回路的消耗功率超过额定功率值是计量误差增大的主要原因，因此只要实现对二次回路阻抗的在线监测即可。

最简单的方法是采用伏安法，通过对电流互感器两端电压的检测采样，利用功率计算或者阻抗计算的方法判断是否超过额定值即可。若采用阻抗方法，由于电流互感器的额定视在功率 S_N 和额定输出电流 I_N 都是已知的，则容许连接的负载阻抗为 $Z_L = S_N / I_N^2$，通过将采样计算获得的电压相量与电流相量做除法运算，即可获得回路的实际阻抗值，通过比较即可判定二次回路阻抗是否超标。若采用功率计算的方法，则只要将采样计算获得的电压相量与电流相量做乘法运算，获得回路消耗的复功率，即可判断二次回路负载是否超标，但这种方法不如阻抗法直观。

另一种方法是采用异频导纳测试法，它基于 CT 阻频特性的建模方法，采用在 50Hz 的基础上叠加一个音频信号来达到阻抗测试目的。

图 4.14 所示为异频导纳测试法的实现原理图。当 CT 工作在工频环境时，通过对 CT 二次回路注入一个高频测试信号，再利用选频技术对高频信号进行采样测试，达到对 CT 及其二次回路的导纳测试的目的。

虽然这种方法具有较高的测量精准度，也能实现离线和在线两种方式的阻抗测量，但由于难以实现远程的在线监测，因此，伏安法是更可取的一种对二次回路远程在线监测的解决方案。因为在此处，测量的精准度不是考虑的重点，实现的经济性和可行性更重要。

电压互感器二次回路阻抗对计量精度

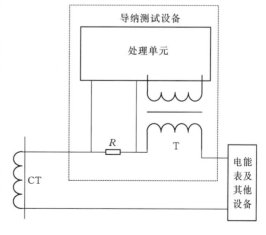

图 4.14 异频导纳测试法原理图

的影响主要在于因阻抗的增大导致回路阻抗压降（二次回路电压降）增大，因二次回路的阻抗特性会产生比差和角差的变化。它是影响电能计量准确度的主要原因之一。DL/T 448—2000《电能计量装置技术管理规程》规定，电压互感器二次回路电压降，对 I 类计费用计量装置，应小于等于额定二次电压的 0.2%；其他计量装置应不大于额定二次电压的 0.5%。同时还明确指出，运行中的电压互感器二次回路电压降检验周期，对 35kV 以上电压互感器二次回路电压降，至少每两年检定一次；对 35kV 以下电压互感器二次回路且具有中间触点的，其电压降至少每四年检定一次。

　　电压互感器二次压降的测量方法有间接测量法和直接测量法两类。间接法是通过分别测出 PT 输出端与电能计量装置输入端的电压，再通过计算获得两端电压的比差和角差；直接法是通过电压测量仪器直接测量出 PT 输出端与电能计量装置之间的电压差，并将差压（二次压降）信号采样分解为同相分量和正交分量，经运算自动显示其比差和角差。实际应用中有无线和有线两种实现方式。

　　由于这种通过测量压差校正的方法用于远程监测存在成本高的问题，也有学者提出通过采用降低二次回路压降的措施解决二次回路对电能计量的影响的方法，包括降低回路阻抗、减小回路电流和增加补偿装置等三种具体措施。

　　降低回路阻抗措施是通过增大电压二次回路连接导线的截面积、降低接插元件内阻和减少各元件间接触电阻的方法实现对二次回路压降的降低；减小回路电流措施是通过采用专用计量回路、选用多绕组的电压互感器、电能表计端并接补偿电容、装设电子电能表以减少电能表的数量等方法降低二次回路压降；增加补偿装置措施是通过采用有源定值补偿器和无源定值补偿器实现对二次回路压降补偿的方式解决二次压降问题，包括电流跟踪式和电压跟踪式两种形式。降低二次回路阻抗、减小回路电流两种方法在保证二次压降原有性质的基础上，可以有效降低二次压降，但不能保证二次压降始终不大于电压互感器二次出口电压 0.25% 的要求；加装电压跟踪式补偿装置可以保证二次压降始终不大于电压互感器二次出口电压的 0.25%，但要注意电压互感器二次压降单向性的特点，确保欠补偿才是有效的。

　　这些降低二次回路压降的措施虽然可以有效解决二次压降过高的问题，但方法不可能应用于二次回路电压降的远程监测的设计中。采用阻抗测量法应该是实际应用设计可取的方法之一，其基本实现过程是：在电压互感器二次回路靠近电能表侧串接一个电流传感器，通过电能表端接收的电压值和电流传感器的输出值可计算出在电能表侧的等效阻抗，以验收合格时的等效阻抗为参考基准，定期对二次回路的等效阻抗进行检测，并将检测值与参考基准值进行纵向比较，通过分析该比值的变化情况判断二次回路压降的影响情况。另一个可取的方案是采用电子式电压互感器，利用其数字化输出的特点完全消除二次回路阻抗的影响。

　　除了互感器本身的误差特性的影响外，另一个影响电能计量准确性的因素是人为窃电。主要窃电方法如下：

　　(1) 欠压窃电方法。通过采用相应手法使电能表的电压回路接线方式故障，使电压回路所承受的电压降低或无电压，如断开电能表电压回路、故意使电压回路相关端子不良接触、在电压回路接入分压电阻、转换电能表电路接线方式等，达到电能表少计用电量的目的。

（2）欠流方式窃电。窃电者采用各种手法故意改变计量电流回路的正常接线或故意造成计量电流回路故障，使电流回路所流经的电流减少或无电流，如断开电流回路、短路电能表的电流回路、改变 CT 的变比、转换电能表电路接线方式等，使得电能表少计用电量。

（3）移相方式窃电。窃电用户采用改变电能表电流或电压回路的接线方式的方法改变电表正常的接线方式，或在电能表线圈中加入干扰电流、电压，或采用外挂的变流器附加干扰电流的方法，使得电能表正常计量的电压、电流相位关系被改变，达到电能表少计用户负荷电量的目的。

（4）扩差方式窃电。用户通过采取私自拆开电能表，故意改变电能表的内部构造使得电能表的计量误差变大，或者采用外力人为破坏电能表，或者变动电能表安装位置或环境等方法，达到少计流经电能表电量的目的。

（5）无表方式窃电。窃电者不经供电企业的电能计量表计直接用电。

对于以上窃电方法，有些是可以利用电工理论方法及时发现的，如六角图法可发现接线错误，智能电能表的应用可以对失压、变比错误等问题进行监测。但也有一些是目前还必须靠人工检查才能发现的，如扩差方式窃电、无表方式窃电以及部分移相方式窃电等，这些都有待电能计量装置状态监测技术的发展。关于反窃电技术的研究，目前采用的主要方法是通过建立用户用电的数学模型，利用数据采集系统对用户用电过程的实时电流、电压、功率、相位角、线损率、线损量等参数的采集数据的分析，实现对窃电行为的发现。如发明专利"一种 10kV 专变计量装置 CT 一次侧分流窃电的在线监测方法"和"一种 10kV 专变计量装置 CT 二次侧分流窃电的在线监测方法"分别提出了综合利用电参数采样信息在一次侧和二次侧对互感器窃电进行评估的方法。以下将介绍其他的数据挖掘方法。

4.3 数学分析方法在电能计量状态监测中的应用

作为一种重要的数据挖掘方法，理论上，只要拥有分析价值和有效的数据库资源，数学分析方法皆可用于各领域的数据分析和数据挖掘。近年来，数学分析方法已广泛应用于电力系统的发电机、变压器以及各种一次设备的状态监测中。电能计量系统在运行中通过各种检测单元可以获得大量的与电能计量相关的电气参数数据信息，因此，利用数学分析方法实现对电能计量装置的运行状态监测是完全可行的。

4.3.1 距离测度法在电能计量状态监测中的应用

任何有联系的事物都是相辅相成的，电能计量装置对电能量的计量也不例外。通过对用电过程中的电量指标的监控、分析，对站内各节点电能量进出情况进行长期实时地观察、分析，就可以实现对电能计量装置的远方实时监控。

设备的运行情况能反映到电量上，运行方式的变化直接在电量上有所反映。理想状态下，整个台区包括其中每个设备的进出电量和始终是零。在这一原则下，一旦某个节点电量不平衡，不同的现象有其产生的具体原因，必须做具体分析。

例如，在对某变电站的日常监控过程中发现，该变电站的 10kV 母线不平衡率出现了从 2％增大到 2.37％的正增加；通过对电量的分析发现，母线的输入电量基本保持常量，某一路用户出线的电量突然减少，而其他出线的电量维持常量，这一情况说明一次设备的运行方式没有变化，应该是该出线的二次计量装置发生问题。现场核实发现，原来是该回路的计量接线盒的连接螺丝发生松动引起母线的不平衡。可见，对电量进行监测分析可以实现电能计量装置的实时在线监测。无论是变电站还是用户的电能计量装置要实现在线监测，都离不开对日常用电量的监测分析。上述分析过程是通过对母线不平衡率的突然变化判断计量系统可能出故障，实际就是利用了距离测度的概念。

鉴于用户用电量数据存在各异性与连续性，本节将介绍应用距离测度方法对电能计量装置进行状态监测，即通过测度计算公式从目标用户样本用电行度产生特异性阈值系数，对目标电能计量装置每个采样周期进行远程在线监测，评定其运行状态的方法。

马氏距离考虑了向量中各个元素之间的相关性，而电网Ⅰ类、Ⅱ类和Ⅲ类用户的用电基数大，日负荷用电量趋势平稳，负荷曲线具有可拟性，每天的用电量具有一定的关联，因此，采用基于马氏距离的距离测度法对用户用电量规律特性进行定量评估是一种较好的距离度量方法。其方法步骤如下：

（1）采集目标用户负荷行度数据集，含有功峰谷平及无功（正反）行度信息（这五类行度信息是相互独立的）。

（2）对采集数据，利用距离测度公式 $d(x,y)=\sqrt{(x_i-y_i)^T\sum^{-1}(x_i-y_i)}$，以用户的用电行度样本集数据计算相邻用电日的距离测度系数。

（3）假设目标监测用户某连续 N 天用电规律为"无异常"，基于"莱比特准则"，取该 N 天用户测度系数均值 μ 及标准差 σ，以 $\delta=\mu+3\sigma$ 作为预警系数。

（4）获取每个采集周期实时测度系数，对计量设备中每个采集周期的工作状态进行评估，超过预警系数的用电日可判定为用电计量异常日。

方法的本质是将用户有功峰谷平及无功总行度进行基于距离测度的系数运算，产生监测系数因子；继而以用户正常工作时的特征变化作为阈值限，评估后续的工作状态。

【例 4.4】　某电子企业用户的报装容量为 400kVA（Ⅲ类用户），三线三相制供电。由计量自动化系统在 2016 年 1 月 1—26 日期间监测统计的用电行度数据见表 4.1。

表 4.1　　　　　　　　　　距离测度法案例应用原始行度

日期 /第 N 天	正向 有功峰行度	正向 有功平行度	正向 有功谷行度	正向 无功总行度	反向 无功总行度
1	0	0.02	0	0.17	0
2	0.02	0.01	0	0.09	0
3	0.06	0.05	0.03	0.59	0.01
4	0.10	0.17	0.07	0.48	0.59
5	0.13	0.19	0.03	0.39	0
6	0.10	0.19	0.08	0.46	0
7	0.12	0.22	0.09	0.48	0

续表

日期 /第 N 天	正向 有功峰行度	正向 有功平行度	正向 有功谷行度	正向 无功总行度	反向 无功总行度
8	0.10	0.19	0.07	0.45	0
9	0.12	0.18	0.15	0.85	0.08
10	0.08	0.14	0.06	0.40	0.07
11	0.02	0.09	0.05	0.33	0.07
12	0.39	0.40	0.12	41.87	0.68
13	0.31	0.56	0.23	0.62	0
14	0.34	0.59	0.23	0.64	0
15	0.17	0.27	0.23	0.56	0
16	0.18	0.31	0.22	0.55	0
17	0.32	0.60	0.23	0.67	0
18	0.37	0.58	0.22	0.61	0
19	0.34	0.64	0.22	0.64	0
20	0.31	0.55	0.23	0.61	0
21	0.32	0.56	0.23	0.69	0
22	0.16	0.30	0.21	0.58	0
23	0	0.01	0.20	15.83	2.41
24	0.05	0.10	0.02	0.35	0.01
25	0.05	0.09	0.07	0.40	0.12
26	0	0	0.04	5.58	0.03

注 行度值是电能计量装置对经电压互感器（PT）和电流互感器（CT）将一次侧的高电压和大电流转换成二次侧的低电压和小电流后计量所获得的一个表征电能用量大小的没有计量单位的一个相对值。实际用电量是通过将行度值乘以高压 PT、CT 的倍率计算获得。

采用马氏距离测度方法计算的基本步骤如下：

将第 $N-1$ 天行度值作为 X，第 N 天行度值作为 Y，计算用户第 $N-1$ 天行度与第 N 天行度的距离系数。以第 1 天与第 2 天的距离系数的计算为例。

取第 1 天负荷行度 $x_1 = [0, 0.02, 0, 0.17, 0]$ 及取第 2 天负荷行度 $x_2 = [0.02, 0.01, 0, 0.09, 0]$，利用公式（3.16），可计算其协方差系数 $\text{cov}(x_1, x_2) = 0.0027$，马氏距离系数为：

$$d_M(x, y) = \sqrt{(x_1 - x_2)^T \text{cov}(x_1, x_2)^{-1}(x_1 - x_2)} = 1.59$$

重复上述计算过程，即可得出用户后 25 天的马氏距离系数 d_M，结果如表 4.2 所示。

表 4.2 　　　　　　　　　　　　　用户行度测度系数

日期/第 N 天	2	3	4	5	6	7	8	9	10	11	12	13	14
d_M	1.59	5.24	3.89	7.44	0.55	0.23	0.28	1.79	2.17	0.80	27.63	24.46	0.18

日期/第 N 天	15	16	17	18	19	20	21	22	23	24	25	26
d_M	1.72	0.22	1.52	0.31	0.28	0.38	0.31	1.39	14.38	16.48	0.95	8.72

以用户负荷平稳性为前提，通过对表 4.2 中数据的初步观测，假设第 6～11 天连续 7 个工作日为用户"无异常"工作天，可获取系数均值 $\mu=0.97$ 及标准差 $\sigma=0.815$，阈值 $\delta=3.42$，距离测度结果如图 4.15 所示。

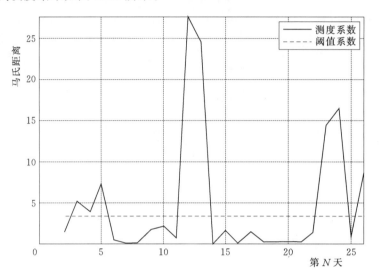

图 4.15 测度系数曲线

由图 4.15 可见，用户第 3 天、第 4 天及第 5 天存在轻微越限，属于异常潜伏期；第 12 天、第 13 天、第 23 天及第 24 天均存在明显越限，可判断该类计量异常在特异工作环境下容易触发。经现场检查发现，用户电能表内部元件损坏，造成无功计量异常。更换电能表后，电能计量恢复正常。

上例表明，使用距离测度法依据用电行度信息监测电能表运行状况的方法是切实可行的。实际应用中，可通过采用并行接口的方式在远程计量后台获得现场采集信号，经软件计算得出相关监测系数，也可通过对现有计量自动化系统的软件升级实现。

距离测度法以用户平稳性用电为前提，通过对用户用电量趋势的分析，能够对电能计量装置的运行状态进行监测，适用于规律性用电的工商业用户。对于对天气变化敏感、节假日和实际生产日用电量差异较大的用户等则需要在对数据聚类分析后方能使用，存在应用的局限性，因此，在查找表计异常或窃电用户时还应结合线损电量变化等其他方法进行检查，以达到对用户进行状态监测的目的。

4.3.2 相似性函数法在电能计量装置状态监测中的应用

电力网电能损耗率简称线损，是电力企业的一项重要综合性技术经济指标。它反映了一个电力网的规划设计、生产技术和运行管理水平，长期以来受到各级电力企业的重视。线损管理是电能计量自动化系统中的一项重要监测指标。按照《南方电网公司线损管理办法（2011 年版）》要求，在电能计量自动化系统的设计中对线损管理已实现了管理区域内的分压、分区、分线、分台区等"四分"线损档案管理、分析、统计功能。监测和统计分析的技术指标有：线损档案、线损分析、线损报表、站用电统计报表、综合分析，并给出综合线损率和省网网损等信息。

随着经济的发展及电力市场化的深入，为减少电网的运行成本，对电力网节能降损工作提出了更高的要求。而电能计量装置的运行状态对于线损统计分析的作用重大，用户电能表发生负误差超差时会导致台区线损偏高，如何准确监测并定位异常电能表用户是各供电公司面临的实际问题。若排除了某台区其他引起线损异常增大的原因，当某台区线损率异常增大时，就需要查找是由哪些用户的电能表计量不准确引起的。本节介绍了应用相关系数算法查找存在较大负误差的电能表的方法。

当用户电能表为负误差、用户窃电、电网原件漏电或抄核差错过大时，都会导致不明损耗明显增大，从而导致该台区线损电量明显增大，线损率明显异常增大。根据电能表计量抄表误差率 δ 的计算公式：

$$\delta = \frac{\text{电能表抄表电量} - \text{用户实际用电量}}{\text{用户实际用电量}} \times 100\% \tag{4.8}$$

可知，电能表计量绝对误差值为：

$$\Delta W_E = \text{电能表抄表电量} \times \left(1 - \frac{1}{1+\delta}\right) \tag{4.9}$$

式（4.9）表明：用户的电能表计量误差电量值的大小与用户抄表电量数据线性相关。

根据以上分析，用户用电量与用户电量误差存在着线性关系，在排除其他因素或用户用电误差远大于其他因素产生的电量损失的情况下，台区线损与用户用电量也存在着线性关系，而相关系数正好是用来衡量二个变量之间线性关系的度量值。因此，将一段时间以来台区线损电量与台区下各个用户的数据进行相关系数计算后，找出相关系数特别大的用户，将其作为疑似问题进行重点检查，往往可以快速查找出该台区下的问题表计。

【例 4.5】 某台区下共有 8 个用户，4 月该台区的线损率一直在 10%～20%，表 4.3 为 4 月 1—20 日各用户的用电量和台区线损的统计数据。

表 4.3　某台区各用户行度及线损行度

日期/第 N 天	用户 01	用户 02	用户 03	用户 04	用户 05	用户 06	用户 07	用户 08	台区总	台区损失	线损占比/%
1	0.89	1.68	2.22	0.65	2.22	1.00	1.96	5.73	16.35	3.25	19.9
2	0.35	1.73	2.27	0.55	2.31	0.59	2.59	5.47	15.86	2.48	15.7
3	0.34	1.93	2.47	0.54	2.56	0.97	3.02	4.73	16.56	3.52	21.2
4	0.38	1.71	2.24	0.64	2.56	0.78	3.07	4.44	15.82	2.97	18.8
5	0.42	1.73	2.24	0.51	2.55	1.18	3.04	4.51	16.18	3.55	21.9
6	0.36	1.95	2.52	0.52	2.54	0.93	2.98	4.44	16.24	3.10	19.1
7	0.46	1.81	2.64	0.57	2.13	0.57	2.43	4.65	15.26	2.50	16.4
8	0.27	1.81	2.60	0.58	2.58	0.40	3.13	5.65	17.02	2.02	11.8
9	0.17	1.87	2.58	0.57	2.45	0.64	3.10	6.17	17.55	2.92	16.6
10	0.91	1.87	2.75	0.60	2.54	0.61	2.60	5.72	17.60	3.05	17.3
11	1.11	1.71	2.24	0.58	1.98	0.56	3.21	5.38	16.77	2.08	12.4
12	1.15	1.36	1.95	0.55	2.52	0.38	2.86	4.87	15.64	2.35	15.0
13	0.67	2.01	2.73	0.56	2.03	0.79	3.23	5.40	17.42	3.08	17.7

日期/第 N 天	用户 01	用户 02	用户 03	用户 04	用户 05	用户 06	用户 07	用户 08	台区总	台区损失	线损占比/%
14	0.71	2.27	2.84	0.58	2.55	0.49	2.50	5.19	17.13	2.88	16.8
15	1.15	2.09	2.91	0.58	2.44	0.83	3.24	4.38	17.62	3.33	18.9
16	1.17	1.93	2.57	0.60	2.59	0.31	2.93	4.53	16.63	1.77	10.6
17	1.20	2.35	2.95	0.59	2.61	0.42	3.19	5.35	18.66	2.70	14.5
18	1.09	1.84	2.42	0.57	2.53	1.41	3.09	5.22	18.17	4.08	22.5
19	1.10	1.83	2.35	0.61	2.42	0.45	3.09	5.66	17.51	2.72	15.5
20	0.68	2.26	2.68	0.59	2.55	0.55	3.21	5.61	18.13	2.47	13.6

利用相似性函数方法对电能计量数据进行分析处理的步骤如下。

将各用户每日用电量作为 X，每日台区线损电量作为 Y，分别计算每个用户用电量与台区线损统计的相关系数。下面以用户 03 为例进行计算。

用户 03 电能计量数据方差：

$$D(X_3) = \frac{\sum\limits_{i=1}^{n}(x_i - \overline{x})^2}{n} = 0.067$$

台区线损电能计量数据方差：

$$D(Y) = \frac{\sum\limits_{i=1}^{n}(y_i - \overline{y})^2}{n} = 0.309$$

X_3 与 Y 的相关系数：

$$R(X_3, Y) = \left| \frac{\mathrm{Cov}(x_3, y)}{\sqrt{D(x_3)D(y)}} \right| = \left| \frac{0.006}{\sqrt{0.067 \times 0.309}} \right| = 0.04$$

重复上述计算步骤，可得其余用户计算结果如表 4.4 所示。

表 4.4　　　　某台区 4 月各用户用电量与台区线损的皮尔逊相关系数

用户编号	01	02	03	04	05	06	07	08
相关系数	0.10	0.08	0.04	0.19	0.13	0.89	0.02	0.14

由计算结果可以看出，用户 06 的用电量与所在台区的损失电量高度相关，其皮尔逊相关系数高达 0.89，而其他用户最高的也只有 0.19。同时，也可以使用折线图来分析验证该用户与台区损失电量的相关情况，如图 4.16 所示。

由图 4.16 可以直观地感受到，该台区的损失电量与用户 06 用电量的变化情况接近吻合，即台区的损失电量跟随用户 06 用电量的变化而变化，同时也验证了皮尔逊相关系数的计算结果完全正确。

在查找出该台区的问题表计以后，该供电公司派人去现场勘查，并换回了该用户的电能表进行实验室检定，发现该电能表的误差达到 -92.4%，表计存在严重负误差。更换表计后，该台区线损降至 5% 以下。

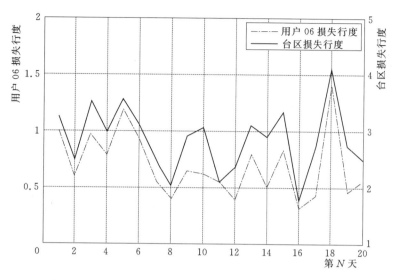

图 4.16 某台区损失行度与用户 06 用电行度变化折线图

利用相似函数分析法通过对用电损耗与用户用电量之间的相关系数的分析，能够便捷地查找出异常电能表，可以减轻一线员工的劳动强度。但这种方法对于某些窃电引起的人为故障，如用户采用私接电线的方式窃电，所窃电能不经电能表计量，则该算法无法查找，因此，在查找窃电或表计异常时还应结合其他方法进行检查，达到降低线损的目的。

4.3.3 基于偏最小二乘回归的电能计量装置状态监测方法

基于偏最小二乘（PLS）的回归算法是不直接根据样本信息进行分析评判，而是利用 PLS 将变量的主成分分析、变量间的典型相关分析和多元线性回归有机地结合起来，在一个算法下同时实现数据结构简化。

针对计量设备监测数据属性的多样性，PLS 算法能融合各样本数据之间的差异性，从而进行属性约简，有效防止样本属性之间的多重相关性对监测模型的影响。本节介绍在电能计量设备电气量测数据基础上，采用偏最小二乘回归方法对目标用户后台监测数据进行数据回归剖析，以回归方程中系数观测值与真实值作对比作为间接反映设备运行状态的参数的方法。根据第 3.3.3 节介绍的理论，方法的实现步骤如下：

（1）对目标用户计量数据（包括负荷数据和告警数据等）进行预处理（包括非常规工作日数据的剔除处理、数据的量化处理和归一化处理），形成样本集。

（2）形成自变量 $X=\{x_1, \cdots, x_n\}_{m \times n}$ 与因变量 $Y=\{y_1, \cdots, y_n\}_{m \times n}$ 间的相关系数矩阵，判断是否存在多重相关性。

（3）根据前文所述偏最小二乘建模步骤获取第一成分 t_1，轴向量 w_1 及回归系数 p_1，进行交叉性检验，继而判断是否提取下一个成分，最后形成最小二乘回归方程。

（4）以偏最小二乘回归方程与因变量理论计算方程作系数对比分析，进而间接反映设备运行状态渐变过程。在此基础上，能够为设备状态评估、校验检修措施制定提供辅助分析。

【例 4.6】 某负荷容量为 10MW 的电子企业用户连续工作 15 个工作日的用电监测数据（已剔除节假日数据）如表 4.5 所示，对该企业的用电行为分析如下。

表 4.5　　　　　　　　　　　　　　　　某企业负荷行度数据

日期/第 N 天	峰行度 x_1	谷行度 x_2	平行度 x_3	总行度 y
1	3.32	5.55	4.44	13.31
2	3.3	4.53	5.56	13.39
3	3.29	4.4	5.48	13.17
4	3.25	5.4	4.43	13.08
5	3.23	5.41	4.38	13.02
6	3.32	5.47	4.46	13.25
7	3.34	5.63	4.56	13.53
8	3.38	5.72	4.63	13.73
9	3.44	5.68	4.6	13.72
10	3.39	5.72	4.62	13.73
11	3.31	5.56	4.58	13.45
12	3.36	5.57	4.55	13.48
13	3.35	5.62	4.55	13.52
14	3.43	5.7	4.57	13.70
15	3.36	5.61	4.54	13.51

步骤 1：计量自动化系统给出的数据已完成该步骤。

步骤 2：利用 15 组成对负荷数据建立自变量和因变量数据表，其中自变量 X 包括峰行度 x_1、谷行度 x_2 和平行度 x_3 三个，因变量 Y 为 24h 负荷行度总额 y，对其计算自变量因变量间的相关系数 $r(*)$，可得相关系数如表 4.6 所示。

表 4.6　　　　　　　　　　　　　　自变量因变量间的相关系数

$r(*)$	x_1	x_2	x_3	y
x_1	1.00	0.51	−0.16	0.92
x_2		1.00	−0.90	0.52
x_3			1.00	−0.10
y				1.00

从表 4.6 可以判断自变量间存在着多重相关性。

步骤 3：对总用电行度 Y 建立偏最小二乘回归模型。依第 3.3.3 节的理论和公式，利用 MATLAB 仿真软件编程计算，得到计算结果如下：

(1) 将 X 和 Y 通过标准化处理成 E_0 和 F_0 后，在 E_0 中提取成分 t_1。

$$w_1 = [-0.8645 \quad -0.4937 \quad 0.0946]$$
$$p_1 = [-0.7318 \quad -0.6604 \quad 0.4364]$$
$$t_1 = -0.8645x_1^* - 0.4937x_2^* + 0.0946x_3^*$$
$$r_1 = -0.6840$$

计算 y^* 在 t_1 上的回归：

$$y^* = r_1 t_1 = -0.684t_1 = 0.591x_1^* + 0.338x_2^* - 0.065x_3^*$$

式中，$x_j^* = E_{0j}$，$y^* = F_0$ 均为标准化变量。

交叉有效性检验为 $Q^2 = 1 > 0.0975$，表明成分贡献显著，继续计算其他成分。

（2）在 E_1 中提取成分 t_2。

$$w_2 = \begin{bmatrix} -0.3293 & 0.4141 & -0.8486 \end{bmatrix}$$

$$p_2 = \begin{bmatrix} -0.3806 & 0.5173 & -0.7783 \end{bmatrix}$$

$$t_2 = -0.3293x_1^* + 0.4141x_2^* - 0.8486x_3^*$$

$$r_2 = -0.3704$$

计算 y^* 在 t_1 和 t_2 上的回归：

$$\begin{aligned} y^* &= r_1 t_1 + r_2 t_2 = -0.684t_1 - 0.3704t_2 \\ &= (0.591x_1^* + 0.338x_2^* - 0.065x_3^*) + (0.122x_1^* - 0.153x_2^* + 0.314x_3^*) \\ &= 0.713x_1^* + 0.185x_2^* + 0.249x_3^* \end{aligned}$$

交叉有效性检验为 $Q^2 = 0.3731 > 0.0975$，继续计算。

（3）在 E_2 中提取成分 t_3。

$$w_3 = \begin{bmatrix} -0.3798 & 0.7648 & 0.5205 \end{bmatrix}$$

$$p_3 = \begin{bmatrix} -0.3798 & 0.7648 & 0.5205 \end{bmatrix}$$

$$t_3 = -0.3798x_1^* + 0.7648x_2^* + 0.5205x_3^*$$

$$r_3 = 2.0108$$

计算 y^* 在 t_1、t_2 和 t_3 和上的回归：

$$\begin{aligned} y^* &= r_1 t_1 + r_2 t_2 + r_3 t_3 = -0.684t_1 - 0.3704t_2 + 2.0108t_3 \\ &= 0.713x_1^* + 0.185x_2^* + 0.249x_3^* + (-0.764x_1^* + 1.548x_2^* + 1.047x_3^*) \\ &= -0.051x_1^* + 1.733x_2^* + 1.296x_3^* \end{aligned}$$

交叉有效性检验为 $Q^2 = -0.2882 < 0.0975$，表明 t_3 的边际贡献不显著，停止计算。

（4）通过以上分析可知，提取 2 个成分即可满足要求，则偏最小二乘法的标准化变量回归方程为：

$$y^* = 0.713x_1^* + 0.185x_2^* + 0.249x_3^*$$

通过数据标准化的逆过程，可得到原始变量 y 对 x 的偏最小二乘回归方程为：

$$y = 0.0766 + 0.9788x_1 + 1.0007x_2 + 0.9982x_3 \tag{4.10}$$

由式（4.10）可知，偏最小二乘法建立的回归模型与电能总行度计算公式 $y = x_1 + x_2 + x_3$ 相比，存在较大的表示噪声大小的系数项（0.0766），并且在表示峰用电时段电量的 x_1 处的系数小于 1，反映出计量准确性不足，因此，可评估其电能计量数据有失真的嫌疑。

经计量自动化后台对该用户对应线路的相关信息检索，查询到该企业所处馈线同期线损出现明显增幅，目标用户后台告警列表中出现多次"负荷过载"与"电能表飞走"告警，对比式（4.10）的回归方程中的系数变化，可得出被核查用户在峰用电时段存在计量异常的基本结论，应该去现场检查其计量装置。

利用偏最小二乘回归分析方法进行电力系统中电能计量设备状态监测能得到直观评估的效果。与传统多元线性回归模型相比，偏最小二乘回归方法的特点如下：

（1）对目标用户数据样本组数数没有苛刻的要求，允许在样本点个数少于变量个数的条件下进行回归建模。

（2）通过对成分的提取，能够在自变量存在严重多重相关性时进行回归建模，达到剔除冗余信息的效果。

（3）偏最小二乘回归在最终模型中将包含原有的所有自变量，最终的自变量系数来源于原有全部自变量，从而最大限度地利用了数据信息。

（4）偏最小二乘回归模型更易于辨识系统信息与噪声（甚至一些非随机性的噪声）。

（5）在偏最小二乘回归模型中，每一个自变量的回归系数将更容易解释。

4.4　人工智能技术在电能计量状态监测中的应用

计量自动化系统是推进智能电网发展，构建高级计量架构的一个重要基础，处于高级计量架构的传感层，为高级计量架构的应用层提供了基础的数据来源。针对计量自动化终端故障，传统的方法就是采取人工现场排查的方式解决。由于配电网络所处的环境复杂，各类用电信息采集终端的现场故障较多，给使用人员带来了很大的现场维护压力，所以精确、快速、自动地诊断分析终端故障原因、修正终端错误参数设置，并提出故障的解决方案和可靠记录各种故障，可以大大减轻电能计量自动化系统运行维护的压力。利用人工智能技术通过对现场采集数据进行深度分析以发现电能计量装置运行中出现的问题，是一种利用基础数据解决实际工程问题的有效途径。

4.4.1　BP 神经网络在电能计量装置状态监测中的应用

传统异常电能计量装置判断方法是现场对用户进行周期性的抽查，存在较大的盲目性，存在因检修而导致计量装置损坏的可能性，也存在经检修发现的故障计量装置电参量滞后性强，电量追补执行困难等诸多问题。

目前电力系统各级供电公司对 I 类、II 类、III 类用户已基本实现电子式电能表计量，并纳入计量自动化系统监管中。该系统将存储的数据（电量等）通过终端上传给主站，实现远程抄表监测等功能。虽然主站后台分析系统可通过观察用户电能表与终端一致性或同步性等方法判断计量装置是否异常，但由于该系统运行上线时间较短，后台异常信息处理任务繁重，其中疑似计量异常的核查与定位方法仍有待完善的必要。利用新型的查找电能计量装置工作异常的方法解决电能计量装置的运行状态监测问题是电能计量自动化系统应用发展的必然趋势。利用第 3.4.2 节介绍的人工神经网络的理论，本小节阐述了根据所采集的用户用电量的数据，以测量数据满足误差理论为前提，通过将 BP 算法负荷预测值与实测值作对比，从而找出电能计量装置运行异常及疑似用电异常用户的计量装置异常判断方法。

1. 方法实现基本思想及步骤

电能计量装置用户峰谷平及分时负荷行度信息数据量庞大，可看成一个大样本统计量。用户用电量每天以及相邻天同一时刻行度信息存在潜在关联性，对负荷预测有潜移默化的影响，适宜采用工程预测领域较为成熟的 BP 神经网络算法。

利用三层神经网络模型，以用电量行度作为输入层，设置一层隐含层，通过参数拟合得到隐含层单元个数、训练组数及训练模式后，则可由历史数据输出预测日任一时刻的负荷行度。由于数据量大，可假设该测量统计量误差符合正态分布，那么实际正常用电量应满足落在以预测数据为中心的 $\pm 3\sigma$ 范围内的规律。

本方法适用于对计量营销系统用电异常工单中的疑似用户进行精确定位分析。方法实现的具体步骤如下：

（1）以神经网络的预测输出与训练样本的实际输出误差最小为判据，利用数据样本确定神经网络参数，包括使预测输出与实际输出误差最小的三层神经网络隐含层的节点数 m、训练样本组数 n 及训练模式（输入参数个数）的确定等。

（2）确定待检用户用电日的类型：将用户用电性质分为常规工作日、节假日和周末日三类，对同一类型的用电参数依时间序列进行分类归集。

（3）根据建立的神经网络模型，以日负荷峰谷平行度构成的列向量矩阵为训练样本，假设前 N 天的数据为装置正常运行数据，依照由前 N 天的数据预测第 $N+1$ 天的负荷预测值的方法，由已知的监测数据计算各类用电日的负荷预测曲线。

（4）基于大数据正态分布原则，采用滑差方式计算各类用电日前 N 天的负荷行度均值与标准差，进而基于误差理论，形成以负荷预测值为中心、$\pm 3\sigma$ 为波动范围的数据判断选择（置信）区间对第 $N+1$ 天的检测数据进行辨识，将用户用电数据分为正常用电和敏感用电（包括计量异常和用电负荷临时改变）两类，并产生疑似故障日序列 E。

（5）若出现了敏感用电日，按步骤（4）的方法，对敏感用电日采用 BP 神经网络算法以分时负荷行度为训练样本，用前 N 天的分时负荷行度预测第 $N+1$ 天的分时负荷行度的方法，计算用电敏感日分时用电行度预测值与实测值的差值，同样按 $\pm 3\sigma$ 为允许范围评判数据的正常性，将超过允许范围的分时负荷行度形成越限时段序列 e。

（6）分析序列 E 与序列 e。若序列 e 的越限时间段个数 k 大于整定值 K_{hour} 或序列 E 中存在连续 K_{day} 敏感工作日，则将该工作天或起始工作天列为计量异常日。若某天的用电被判定为计量异常日，则在预测其后的用电量时，以预测值替代实际值去计算之后的预测值，并形成有效区间判断其后用电量数据的正常性。

（7）二次评估。分析待检用户疑似异常发生天出现前后的负荷水平，若负荷波动明显，则定义发生计量异常为大概率事件，需现场查实与维护。若现场检查证实装置故障属实，则可以将预测数据曲线作

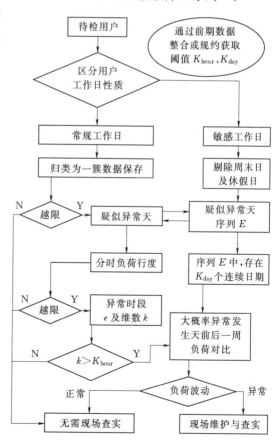

图 4.17 计量装置异常分析方法流程图

为追补电量的依据。

计量装置的异常分析方法实现流程如图 4.17 所示。

根据现行系统工单处理办法的设置，可整定 $K_{day}=3$；因客户性质的各异性，K_{hour} 的设置本文默认为 3。

2. 案例分析

【例 4.7】　某报装容量为 40MW 的大型商场用户连续 42 日的 24 小时用电计量行度数据见表 4.7，试分析企业的用电行为。

表 4.7　　　　　　　　BP 网络算法案例 24 小时行度原始数据

日期/第 N 天	1	2	3	4	5	6	7	8	9	10	11	12	13	14	15	16	17	18	19	20	21	22	23	24
1	0.55	0.57	0.56	0.55	0.55	0.55	0.56	0.56	0.55	0.57	0.56	0.56	0.55	0.54	0.56	0.56	0.55	0.56	0.54	0.55	0.55	0.56	0.56	0.56
2	0.56	0.57	0.58	0.56	0.57	0.56	0.57	0.56	0.56	0.57	0.56	0.55	0.56	0.56	0.56	0.56	0.55	0.54	0.54	0.54	0.55	0.56	0.56	0.56
3	0.55	0.55	0.56	0.55	0.54	0.55	0.56	0.54	0.54	0.55	0.55	0.54	0.54	0.54	0.54	0.55	0.56	0.55	0.55	0.54	0.54	0.56	0.57	0.55
4	0.55	0.55	0.56	0.56	0.54	0.56	0.56	0.56	0.53	0.55	0.54	0.53	0.53	0.54	0.54	0.54	0.54	0.54	0.52	0.54	0.53	0.55	0.57	0.55
5	0.55	0.56	0.56	0.55	0.54	0.55	0.54	0.55	0.54	0.53	0.53	0.53	0.54	0.53	0.55	0.54	0.52	0.54	0.54	0.56	0.55
6	0.55	0.55	0.57	0.56	0.55	0.55	0.57	0.55	0.55	0.55	0.54	0.54	0.53	0.54	0.54	0.55	0.56	0.55	0.55	0.54	0.56	0.57	0.57	0.55
7	0.56	0.57	0.58	0.57	0.56	0.58	0.57	0.57	0.57	0.57	0.56	0.56	0.56	0.56	0.56	0.56	0.56	0.55	0.54	0.58	0.58	0.57
8	0.58	0.58	0.58	0.59	0.57	0.58	0.59	0.56	0.57	0.59	0.58	0.57	0.56	0.56	0.56	0.57	0.56	0.55	0.55	0.56	0.57	0.59	0.58
9	0.58	0.58	0.58	0.58	0.57	0.57	0.58	0.57	0.56	0.58	0.57	0.56	0.56	0.57	0.58	0.58	0.56	0.56	0.56	0.58	0.59	0.58
10	0.58	0.57	0.59	0.61	0.58	0.58	0.58	0.56	0.58	0.57	0.56	0.57	0.57	0.56	0.57	0.57	0.55	0.55	0.58	0.57	0.58
11	0.57	0.58	0.58	0.58	0.57	0.57	0.57	0.56	0.55	0.56	0.56	0.55	0.55	0.54	0.55	0.54	0.55	0.55	0.55	0.55	0.58	0.58	0.56
12	0.57	0.58	0.58	0.57	0.58	0.57	0.57	0.55	0.56	0.57	0.57	0.56	0.57	0.56	0.56	0.56	0.57	0.57	0.59	0.57
13	0.56	0.57	0.59	0.57	0.56	0.57	0.57	0.55	0.57	0.57	0.56	0.57	0.55	0.56	0.56	0.56	0.57	0.55	0.55	0.56	0.57	0.57
14	0.56	0.58	0.58	0.57	0.57	0.57	0.58	0.56	0.56	0.57	0.57	0.57	0.56	0.58	0.57	0.57	0.56	0.56	0.58	0.58	0.56
15	0.57	0.57	0.58	0.57	0.56	0.57	0.57	0.57	0.57	0.58	0.57	0.57	0.56	0.57	0.57	0.56	0.55	0.57	0.57	0.56
16	0.56	0.57	0.58	0.56	0.56	0.56	0.57	0.55	0.56	0.56	0.57	0.56	0.56	0.57	0.57	0.58	0.57	0.58	0.56	0.55	0.57	0.57	0.59	0.57
17	0.57	0.59	0.58	0.58	0.57	0.57	0.57	0.56	0.56	0.57	0.56	0.56	0.57	0.56	0.58	0.56	0.56	0.59	0.57	0.57
18	0.56	0.57	0.57	0.58	0.56	0.57	0.57	0.56	0.54	0.56	0.53	0.54	0.54	0.54	0.54	0.54	0.55	0.55	0.56	0.56	0.59	0.59	0.58
19	0.57	0.58	0.58	0.59	0.58	0.57	0.57	0.56	0.56	0.57	0.56	0.56	0.55	0.55	0.55	0.56	0.56	0.56	0.56	0.6	0.59	0.57
20	0.57	0.57	0.59	0.58	0.57	0.58	0.58	0.56	0.56	0.55	0.55	0.54	0.54	0.56	0.56	0.57	0.56	0.57	0.58	0.59	0.59	0.58
21	0.57	0.59	0.58	0.59	0.58	0.59	0.59	0.57	0.58	0.57	0.58	0.56	0.57	0.58	0.57	0.57	0.58	0.59	0.57
22	0.57	0.58	0.58	0.58	0.57	0.57	0.57	0.57	0.57	0.57	0.57	0.57	0.55	0.57	0.55	0.57	0.59	0.59	0.58
23	0.58	0.58	0.59	0.59	0.57	0.58	0.58	0.57	0.57	0.57	0.58	0.57	0.57	0.57	0.57	0.57	0.57	0.58	0.58	0.56
24	0.56	0.56	0.56	0.57	0.55	0.56	0.57	0.57	0.57	0.58	0.57	0.58	0.58	0.58	0.57
25	0.57	0.58	0.59	0.58	0.57	0.57	0.57	0.55	0.55	0.56	0.56	0.55	0.54	0.55	0.55	0.54	0.54	0.54	0.57	0.57	0.57
26	0.56	0.6	0.58	0.58	0.57	0.57	0.57	0.55	0.55	0.57	0.55	0.55	0.55	0.55	0.55	0.56	0.55	0.54	0.56	0.56	0.57	0.56

日期/第N天	1	2	3	4	5	6	7	8	9	10	11	12	13	14	15	16	17	18	19	20	21	22	23	24
27	0.57	0.57	0.57	0.57	0.56	0.56	0.57	0.56	0.56	0.55	0.55	0.54	0.53	0.54	0.54	0.54	0.55	0.53	0.53	0.54	0.56	0.57	0.58	0.57
28	0.57	0.57	0.58	0.57	0.56	0.57	0.57	0.55	0.55	0.57	0.56	0.56	0.55	0.56	0.58	0.58	0.57	0.56	0.56	0.55	0.55	0.57	0.57	0.57
29	0.56	0.57	0.58	0.58	0.56	0.57	0.57	0.56	0.56	0.58	0.57	0.56	0.57	0.57	0.56	0.58	0.57	0.55	0.56	0.57	0.58	0.56		
30	0.55	0.57	0.57	0.56	0.56	0.55	0.57	0.54	0.57	0.57	0.56	0.57	0.56	0.57	0.57	0.56	0.57	0.55	0.55	0.57	0.57	0.56	0.56	0.55
31	0.57	0.56	0.58	0.57	0.57	0.57	0.57	0.56	0.57	0.57	0.57	0.56	0.57	0.56	0.57	0.56	0.56	0.54	0.57	0.56	0.57	0.57	0.58	0.56
32	0.57	0.57	0.58	0.6	0.57	0.57	0.56	0.55	0.54	0.56	0.56	0.54	0.55	0.53	0.54	0.54	0.55	0.55	0.56	0.54	0.59	0.58	0.57	
33	0.56	0.58	0.58	0.57	0.57	0.58	0.57	0.57	0.57	0.57	0.56	0.57	0.57	0.57	0.56	0.56	0.55	0.57	0.55	0.57	0.57	0.57	0.57	0.57
34	0.56	0.57	0.58	0.58	0.57	0.57	0.57	0.56	0.54	0.57	0.53	0.53	0.52	0.57	0.53	0.52	0.57	0.58	0.57	0.56	0.57	0.58	0.58	0.57
35	0.57	0.56	0.57	0.56	0.56	0.57	0.56	0.54	0.55	0.55	0.56	0.53	0.56	0.57	0.57	0.57	0.58	0.57	0.56	0.56	0.57	0.58	0.58	0.57
36	0.57	0.58	0.57	0.57	0.56	0.56	0.56	0.57	0.57	0.56	0.57	0.56	0.57	0.57	0.57	0.58	0.57	0.57	0.57	0.57	0.57	0.59	0.58	0.58
37	0.58	0.58	0.58	0.58	0.57	0.58	0.57	0.56	0.56	0.58	0.57	0.56	0.56	0.57	0.58	0.57	0.57	0.57	0.57	0.57	0.57	0.57	0.58	0.58
38	0.58	0.58	0.58	0.58	0.57	0.58	0.57	0.57	0.56	0.58	0.57	0.57	0.55	0.57	0.58	0.59	0.58	0.57	0.56	0.55	0.57	0.59	0.58	0.57
39	0.56	0.58	0.56	0.56	0.54	0.53	0.51	0.47	0.48	0.46	0.44	0.44	0.43	0.43	0.45	0.46	0.47	0.48	0.47	0.46	0.47	0.49	0.5	0.48
40	0.49	0.49	0.5	0.48	0.48	0.48	0.47	0.47	0.47	0.48	0.49	0.47	0.48	0.48	0.47	0.48	0.47	0.48	0.48	0.48	0.48	0.48	0.49	0.48
41	0.47	0.49	0.49	0.47	0.48	0.47	0.48	0.46	0.47	0.48	0.49	0.47	0.48	0.48	0.46	0.47	0.48	0.47	0.47	0.47	0.47	0.5	0.49	0.49
42	0.48	0.5	0.49	0.48	0.48	0.49	0.48	0.47	0.48	0.46	0.48	0.47	0.48	0.48	0.46	0.48	0.46	0.47	0.48	0.47	0.46	0.49	0.5	0.48

步骤 1：神经网络参数确定。基本过程是以现场检测获得的峰谷平三维历史数据为训练及测试样本，利用仿真软件分析预测检测数据天的负荷行度，并与实际数据比较，依平均预测精度的水平为依据确定的。

（1）隐含层节点数拟定。隐含层节点数是采用试错法获得的。根据相关的经验公式，设置节点数为奇数。

此仿真中选择了采用每 3 天预测第 4 天负荷行度的训练模式及每五组训练样本得到一组预测值的方式，得到平均预测精度，其仿真结果如表 4.8 所示。

表 4.8　　　　　隐含层节点数对预测精度的影响

节点数	3	5	7	9	11	13
预测精度	2.0%	−0.5%	0.4%	1.0%	1.4%	1.5%

由训练结果可知，随着节点数的增加，预测精度趋势呈现"凹陷"状；当节点数为 5～7 之间时，具有最优精度。

（2）训练样本组数拟定。采用最大最小值归一化法对数据进行预处理，设置隐含层节点数为 7，以每 3 天预测第 4 天负荷行度的方式，改变样本组数 n，仿真得到平均预测精度，仿真结果如表 4.9 所示。其中，误差均值是指实测值与预测值之差的平均值。

表 4.9　　　　　训练样本组数对预测精度的影响

样本组数	2	3	4	5	6	7	8	9
预测精度	2.5%	0.0%	0.2%	−0.4%	−0.7%	−1.4%	−3.2%	−3.8%
误差均值	0.119	0.025	−0.004	−0.029	−0.034	−0.113	−0.123	−0.194

仿真结果表明：当训练样本组数为 3～5 组时，其每组平均精度误差在 0.5％之内，每日的误差均值在 0.03 之内；当训练组数为 4 时，其误差均值接近于 0，符合大数理论中工程测量数据综合误差互相抵消这一基本原则。

（3）网络训练模式的拟定。采用最大最小值归一化法对数据进行预处理，隐含层节点数设置为 7，样本组数为 4，以每 N_0 天预测第 N_0+1 天负荷行度的训练模式，仿真得到平均预测精度，如表 4.10 所示。

表 4.10　　　　　　　　　　　　　　训 练 模 式 的 选 择

N_0	1	2	3	4	5	6	7	8	9	10
预测偏差	1.71％	1.71％	−0.02％	1.49％	2.50％	2.20％	2.68％	0.66％	0.38％	−0.67％
误差均值	0.129	0.115	0.085	0.103	0.176	0.176	0.200	0.141	0.149	0.132

由表 4.10 可见：当输入向量维数为 3 时，预测偏差接近于 0，误差均值不足 0.10，拟合性强；此时，输入维数较低，算法易收敛，仿真时间短。此结果也说明了在隐含层节点数确定时用 3 个输入节点的假设是合理的。

基于以上仿真分析结果，实际应用中 BP 神经网络算法采用的模型参数为：3 个输入节点，7 个隐含节点，4 组训练样本。

步骤 2：用户工作日类型的确定。由于该企业的生产是连续的，不存在节假日因素，表 4.7 中给出的就是同一类型的用电数据。

步骤 3：以每日用电行度数为输入，按步骤一确定的 3 个输入节点，7 个隐含节点，4 组训练样本的 BP 神经网络模型参数对表 4.7 的数据进行分析计算，获得被检测用户的负荷预测值，以便与步骤四结合构成用户用电的包容度曲线。

步骤 4：采用滑差方式计算各类用电日前 N 天的负荷行度均值与标准差，获得以负荷预测值为中心，$\pm3\sigma$ 为波动范围的数据可信度包容曲线如图 4.18 中的虚线所示。图中的横坐标一定时，上下限纵坐标中点为日行度预测值，纵坐标的差值反映了历史日负荷的波动性，其值越大，波动越明显。

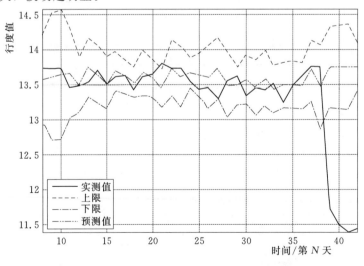

图 4.18　用户日用电负荷曲线与负荷包容度曲线

从图 4.18 的数据中可发现第 21 日、第 27 日、第 39 日、第 40 日、第 41 日、第 42 日为敏感工作日，必须通过步骤五以进一步判断其数据性质。

步骤 5：对敏感用电日采用 BP 神经网络算法以分时负荷行度为训练样本，分别分析其分时负荷行度预测值与实测值的差值，同样按 $\pm 3\sigma$ 为允许范围评判数据的正常性。

图 4.19 为第 21 日、第 27 日、第 38 日、第 39 日的日负荷预测分析曲线及负荷包容度曲线图。其中，第 38 日是作为正常日的曲线给出的一个案例。

步骤 6：数据分析与评判。由图 4.19（a）可看出，第 21 日的分时用电负荷实测曲线均在置信区间内，负荷趋势与置信区上限较贴近，因而虽然日总电量略微越上限，但属于正常用电日；从图 4.19（b）可看出，除在 16：00 时分略微越下限外，其余采样点均在置信区间内，负荷趋势与置信区下限较贴近，因而日总电量与下限值相近，由于越限时间

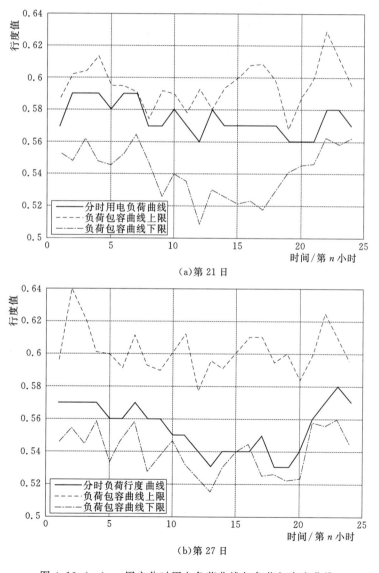

（a）第 21 日

（b）第 27 日

图 4.19（一）　用户分时用电负荷曲线与负荷包容度曲线

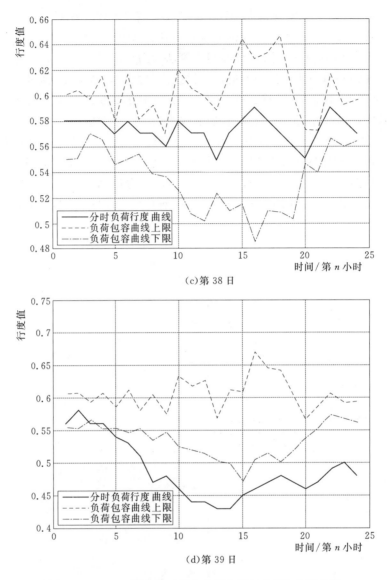

(c)第 38 日

(d)第 39 日

图 4.19（二）　用户分时用电负荷曲线与负荷包容度曲线

段个数 $k=1$，满足 $K_{hour} \leqslant 3$ 的正常日判据，故也属于正常用电日；图 4.19（d）中，
0：00—4：00 时段的负荷行度在置信区间内，然后开始越下限，最大偏离下限率达
15.4%，其越限时段序列 $e=\{5, 6, \cdots, 24\}$，越限时间段个数 $k=20 > K_{hour}$，故可判定
为大概率异常天。且其后序列 E 中出现连续 4 天敏感工作日，依据这些客观事实，可基
本核定该计量装置发生损坏或出现人为异常故障，故障发生时间段为第 39 日第 2：00—
4：00 时间段内。

　　步骤 7：二次评估分析。疑似故障天（第 39 日）的负荷行度为 11.72，相比于其出现
之前一周的平均负荷行度 13.54，用电幅度下降 13.5%，用电波动明显。计量自动化系统
后台得知电能表负荷行度增量与终端（参考表）一致，可基本排除电能表内因导致计量异

118

常的可能，可判定为用电异常。

事后分析事故原因表明，此故障是因为该客户电能表状态字于上述时间段发生改变，而计量终端未向计量自动化系统发送相关计量差异告警信号所致。对于这种情况，可以将预测数据曲线作为追补电量的依据。

此方法在用电检查中，能通过对被核查用户的日用电负荷及分时用电负荷的多次分析与数据挖掘，实现对负荷电能计量装置工作状态的评估，对监测用户人为窃电这一用电异常现象效果明显，可提高计量系统异常处理工单工作效率，有效降低现场巡检人员工作量，数据预测结果可作为计量装置损坏后用电量追缴的一种计算方法。其局限性在于该方法的实现必须有一组可靠的数据以建立神经网络模型，且对用户数据的完整度要求较高，需保证原始数据准确连续。

4.4.2　纵横交叉优化灰色算法在电能计量装置状态监测中的应用

众所周知，窃电给供电企业、国家造成的经济损失是巨大的。研究反窃电技术是状态监测中的一项重要内容，也是一项长期而艰巨的任务。本节介绍利用纵横交叉（CSO）算法通过对灰色预测模型中的背景值及初始修正值进行优化，从而提高预测精度，并通过将预测值与实际值比较，实现用户用电量的状态监测的方法。

电力负荷预测常用的方法有回归分析预测法、时间序列随机预测法、灰色预测法、神经网络预测法等。其中，灰色预测方法由于其具有要求样本数据少、不考虑分布规律和变化趋势、可检验性强等优点，被广泛应用在负荷预测中。

本小节应用第 3.4.3 节提出的优化算法—纵横交叉（CSO）算法，结合灰色模型提出了一种改进的灰色模型（Crisscross Optimization Algorithm of Grey Model，CSOGM），随后，采用 matlab 编程方式建立了 CSOGM 模型，并通过地区电网的实际案例，验证了该方法的有效性。

1. GM(1，1) 模型

灰色预测方法是 20 世纪 90 年代后引进电力系统的一种新型非线性预测技术，和传统的统计负荷预测方法相比具有较多优点，它不需要确定负荷变动是否服从正态分布，不需要大的样本统计量，不需要根据负荷变化随时改变预测模型，通过累加生成技术，建立统一的微分方程模型，累减还原后，得出预测结果，微分方程模型由于具有比代数模型、离散模型更高的光滑度，根据预测的连续性原理，理论上具有更高的预测精度。建立 GM(1，1) 模型［GM(1，1) 模型表示一个变量的一阶微分方程模型］的实质是对原始数据作一次累加生成，使生成数据列呈一定规律，通过建立微分方程模型，求得拟合曲线，用以对系统进行预测。

设依时间序列 $t=(t_1, t_2, \cdots, t_n)$ 获得的原始数据为 $x^{(0)}=[x^{(0)}(t_1), x^{(0)}(t_2), \cdots, x^{(0)}(t_n)]$，建立 GM(1，1) 模型的过程如下：

由原始数据通过累加生成新的数据序列 $x^{(1)}=[x^{(1)}(t_1), x^{(1)}(t_2), \cdots, x^{(1)}(t_n)]$，以弱化原始数据的随机性，并使其呈现出较为明显的特征规律。即 $x^{(1)}(k)$ 的表达式为：

$$x^{(1)}(k) = \sum_{i=1}^{k} x^{(0)}(i)\Delta t_i \quad (k=1,2,\cdots,n) \tag{4.11}$$

其中：$\Delta t_i = t_{i+1} - t_i$，若为等间隔连续采样的时间序列，则 Δt_i 可视为 1（单位值）。

从一次累加生成序列 $x^{(1)}$ 还原为原始数据序列 $x^{(0)}$ 的计算公式为：

$$x^{(0)}(k+1) = \frac{x^{(1)}(k+1) - x^{(1)}(k)}{t_{k+2} - t_{k+1}} \quad (k=1,2,\cdots,n) \tag{4.12}$$

当一次累加生成序列 $x^{(1)}$ 接近于非齐次指数规律变化时，按灰色系统理论，$x^{(1)}$ 的响应函数是微分方程式（4.13）的解：

$$\begin{cases} \dfrac{\mathrm{d}x^{(1)}}{\mathrm{d}t} + ax^{(1)} = u \\ x^{(1)}(t_1) = x^{(0)}(t_1) \end{cases} \tag{4.13}$$

式中　a——常数，称为发展灰数；

　　　u——对系统的常定输入，称为内生控制灰数。

式（4.13）的解为：

$$x^{(1)}(t) = \left[x^{(1)}(t_1) - \frac{u}{a} \right] \mathrm{e}^{-a(t-t_1)} + \frac{u}{a} \tag{4.14}$$

对等间隔采样的连续时间采样离散值序列，考虑到 $t_1 = 1$，则式（4.14）演变为：

$$x^{(1)}(k+1) = \left[x^{(1)}(1) - \frac{u}{a} \right] \mathrm{e}^{-ak} + \frac{u}{a} \tag{4.15}$$

灰色建模的途径是由式（4.11）的一次累加序列通过最小二乘法估计常数 a 和 u。

将 $x^{(1)}(2)$，$x^{(1)}(3)$，$\cdots$，$x^{(1)}(n)$ 分别代入式（4.13），注意到 $\Delta t = 1$，由于：

$$\frac{\Delta x^{(1)}(2)}{\Delta t} = \Delta x^{(1)}(2) = x^{(1)}(2) - x^{(1)}(1) = x^{(0)}(2), \frac{\Delta x^{(1)}(3)}{\Delta t} = x^{(0)}(3), \cdots, \frac{\Delta x^{(1)}(n)}{\Delta t} = x^{(0)}(n)$$

于是有方程组：

$$\begin{cases} x^{(0)}(2) + ax^{(1)}(2) = u \\ x^{(0)}(3) + ax^{(1)}(3) = u \\ \vdots \\ x^{(0)}(n) + ax^{(1)}(n) = u \end{cases} \tag{4.16}$$

即有：

$$\begin{bmatrix} x^{(0)}(2) \\ x^{(0)}(3) \\ \vdots \\ x^{(0)}(n) \end{bmatrix} = \begin{bmatrix} -x^{(1)}(2) & 1 \\ -x^{(1)}(2) & 1 \\ \vdots & \vdots \\ -x^{(1)}(2) & 1 \end{bmatrix} \cdot \begin{bmatrix} a \\ u \end{bmatrix} \tag{4.17}$$

由于式（4.13）的微分运算中涉及两个时间的值，因此，对 $x^{(1)}$ 的值进行平滑处理，取前后两个时刻的平均值更为合理，即令 $x^{(1)}(k) = \frac{1}{2}\left[x^{(1)}(k-1) + x^{(1)}(k) \right]$（$k=2$，3，$\cdots$，$n$）。这样，式（4.17）就演变成：

$$\begin{bmatrix} x^{(0)}(2) \\ x^{(0)}(3) \\ \vdots \\ x^{(0)}(n) \end{bmatrix} = \begin{bmatrix} -\dfrac{1}{2}\left[x^{(1)}(1) + x^{(1)}(2) \right] & 1 \\ -\dfrac{1}{2}\left[x^{(1)}(2) + x^{(1)}(3) \right] & 1 \\ \vdots & \vdots \\ -\dfrac{1}{2}\left[x^{(1)}(n-1) + x^{(1)}(n) \right] & 1 \end{bmatrix} \cdot \begin{bmatrix} a \\ u \end{bmatrix} \tag{4.18}$$

令：$y = [x^{(0)}(2), x^{(0)}(3), \cdots, x^{(0)}(n)]^T$, $B = \begin{bmatrix} -\frac{1}{2}[x^{(1)}(1)+x^{(1)}(2)] & 1 \\ -\frac{1}{2}[x^{(1)}(2)+x^{(1)}(3)] & 1 \\ \vdots & \vdots \\ -\frac{1}{2}[x^{(1)}(n-1)+x^{(1)}(n)] & 1 \end{bmatrix}$,

$U = \begin{bmatrix} a \\ u \end{bmatrix}$, 则

$$y = B \cdot U \tag{4.19}$$

式（4.19）的最小二乘估计值为：

$$\hat{U} = \begin{bmatrix} \hat{a} \\ \hat{u} \end{bmatrix} = (B^T B)^{-1} B^T y \tag{4.20}$$

将求得的估计值 $\hat{a}$、$\hat{u}$ 代入式（4.14）即得灰色预测方程：

$$\hat{x}^{(1)}(k+1) = \left[x^{(1)}(1) - \frac{\hat{u}}{\hat{a}}\right] e^{-\hat{a}k} + \frac{\hat{u}}{\hat{a}} \tag{4.21}$$

当 $k = 1, 2, \cdots, n-1$ 时，由式（4.21）计算的是 $\hat{x}^{(1)}(k+1)$ 的拟合值，当 $k \geqslant n$ 时，计算获得的是 $\hat{x}^{(1)}(k+1)$ 的预测值，都是对一次累加序列的拟合值。利用式（4.12）对数据还原，就可以得到原始数据序列的拟合值（$k \leqslant n-1$）或预测值（$k \geqslant n$）$\hat{x}^{(0)}(k+1)$。

$$\hat{x}^{(0)}(k+1) = (1-e^{\hat{a}})\left(x^{(0)}(1) - \frac{\hat{u}}{\hat{a}}\right)e^{-\hat{a}k} \tag{4.22}$$

对于预测精度，可通过对已知先验数据采用统计分析计算的方法进行检验和评估。具体检验过程是：

（1）求 $x^{(0)}$ 的均值：$\overline{X} = \frac{1}{n}\sum_{k=1}^{n}x^{(0)}(k)$。

（2）求 $x^{(0)}$ 的方差：$S_1 = \sqrt{\frac{1}{n}\sum_{k=1}^{n}[x^{(0)}(k)-\overline{X}]^2}$。

（3）求实际值与拟合值的残差：$E(k) = x^{(0)}(k) - \hat{x}^{(0)}(k)$。

（4）残差的均值：$\overline{E} = \frac{1}{n-1}\sum_{k=2}^{n}E(k)$。

（5）残差的方差：$S_2 = \sqrt{\frac{1}{n-1}\sum_{k=2}^{n}[E(k)-\overline{E}]^2}$。

（6）计算后验差比值：$C = S_2/S_1$，或者小误差概率：$P = P\{|E(k)-\overline{E}| < 0.6745S_1\}$。
（7）由 C 和 P 可通过表 4.11 判定分析预测的质量。

表 4.11　　　　　　　　　　　　预测精度等级对照表

预测精度等级	P	C
好	>0.95	<0.35
合格	>0.80	<0.45

续表

预测精度等级	P	C
基本合格	>0.70	<0.50
不合格	$\leqslant 0.70$	$\geqslant 0.65$

由上述过程可见，GM(1，1) 模型的建模步骤为：

(1) 由原始数据通过累加生成新的数据序列 $x^{(1)}=[x^{(1)}(t_1),x^{(1)}(t_2),\cdots,x^{(1)}(t_n)]$。

(2) 建立矩阵 B，Y。

(3) 求参数矩阵 $(B^T B)^{-1}B^T$。

(4) 根据公式 $\hat{U}=(B^T B)^{-1}B^T y$ 求估计值 $\hat{a}$ 和 $\hat{u}$。

(5) 根据公式 $\hat{x}^{(1)}(k+1)=\left[x^{(1)}(1)-\dfrac{\hat{u}}{\hat{a}}\right]e^{-\hat{a}k}+\dfrac{\hat{u}}{\hat{a}}$ 计算累加序列的拟合值或预测值 $\hat{x}^{(1)}(k+1)$。

(6) 根据公式 $x^{(0)}(k+1)=x^{(1)}(k+1)-x^{(1)}(k)$ 计算原始数据的拟合值或预测值 $\hat{x}^{(0)}(k+1)$。

(7) 可通过残差和均值的计算检验的方法对预测精度进行检验。

这种经典的 GM(1，1) 模型建模方法虽有计算方法简便的优点，但存在拟合精度和预测精度有时会较差的缺陷。偏差产生的主要原因是微分环节的处理、初始条件的选取以及由此造成的对 a 和 u 值的影响。

有鉴于此，在 GM(1，1) 模型的建立中，可考虑通过对影响预测精度的因素进行修正改良，对参数的获取采用新的优化算法的手段，达到提高预测准确度的目的。

针对初始条件的影响，引入参数 η，初始条件修正为 $x(1)=x^{(0)}(1)+\eta$；针对微分环节的影响，引入调节参数 λ，使微分计算的离散表达式变为 $x^{(1)}(k)=\lambda x^{(1)}(k-1)+(1-\lambda)x^{(1)}(k)$，其中 $0\leqslant\lambda\leqslant1$，$k=2$，3，$\cdots$，$n$，则前述计算步骤中，矩阵 B 变为：

$$B=\begin{bmatrix} -[\lambda x^{(1)}(1)+(1-\lambda)x^{(1)}(2)] & 1 \\ -[\lambda x^{(1)}(2)+(1-\lambda)x^{(1)}(3)] & 1 \\ \vdots & \vdots \\ -[\lambda x^{(1)}(n-1)+(1-\lambda)x^{(1)}(n)] & 1 \end{bmatrix} \tag{4.23}$$

灰色预测方程变成：

$$\hat{x}^{(1)}(k+1)=\left[x^{(1)}(1)+\eta-\dfrac{\hat{u}}{\hat{a}}\right]e^{-\hat{a}k}+\dfrac{\hat{u}}{\hat{a}} \tag{4.24}$$

$$\hat{x}^{(0)}(k+1)=(1-e^{\hat{a}})\left(x^{(0)}(1)+\eta-\dfrac{\hat{u}}{\hat{a}}\right)e^{-\hat{a}k} \tag{4.25}$$

针对式 (4.23) ～式 (4.25)，利用优化算法通过对参数 λ 和 η 的优化计算，减少微分环节的处理、初始条件的选取对 a 和 u 值的影响，从而达到提高预测精度的目的。

2. 纵横交叉优化神经网络模型

正如第 3.4.3 节的介绍，纵横交叉算法 (CSO) 是一种基于种群的随机搜索算法，种群则由个体粒子组成。它由横向交叉和纵向交叉两种方式组成其搜索行为，这两种交叉方式在迭代过程中每一代都会交替进行，通过加入竞争算子，使得这两种交叉方式完美地结合起来，每次交叉操作之后都通过竞争算子与父代进行竞争，子代粒子只有比父代适应度更好才会被保留下来进入下次迭代。

对于 CSO 算法，算法中只有唯一的一个参数（即纵向交叉概率 PVC）需要设置。纵向交叉的概率 PVC 是影响 CSO 优化能力的一个非常重要因素，多少维参与纵向交叉操作极大的影响粒子的自我认知行为，过多或过少的维参与都会不利于种群的寻优。大量的实验仿真表明，对于相对简单的单模函数和多模函数而言，PVC 建议设置为 0，这样做可以省去纵向交叉操作，减少一半的适应度评估开销。而对于旋转函数或者位移函数，试验结果表明：如果将纵向交叉的概率 PVC 设为 0，那么对于位移函数，种群中大概会 10% ～ 30% 的维陷入局部最优点，而对于旋转函数则为 20% ～ 40%。为了使陷入停滞不前的维尽快摆脱出来，CSO 中的纵向交叉提供了一种新颖的摆脱机制。由于一次纵向交叉只产生一个子代，例如 PVC 设为 0.8，那么实际上只有 40% 的维会在交叉过程中发生变异；鉴于以上事实，对于复杂的位移函数优化，PVC 建议设置在 [0.2，0.6] 区间内，对于复杂的旋转函数优化，PVC 建议设置在 [0.6，0.8] 区间内。

3. 纵横交叉优化灰色模型算法（CSOGM）

通过对灰色系统建模及求解过程的分析可知，只要给出参数 λ 和 η，就能由已知样本数据计算出预测值。而预测精度决定于参数 λ 和 η 的设置，因此，利用优化算法优化设置参数 λ 和 η，就可以实现提高预测精度的目的。CSO 算法是一种优化效果极佳的新算法，在电力系统负荷预测中的应用已表明，该算法有很高的预测准确度，如用于风力发电的负荷预测误差可控制在 2% 以内，因此，利用该算法结合灰色系统模型对电力用户的电能消耗量进行预测，并通过将实际计量数据与预测值进行比较，可以发现电能计量过程中出现的计量装置较小的计量误差故障或窃电引起的较小比例的计量异常问题。以相对误差绝对值最小为目标，利用纵横交叉优化灰色模型算法预测用户用电负荷的求解步骤如下：

步骤 1：初始化 CSO 算法的基本参数。包括设置种群规模为 m（随机产生 m 组 λ 和 η 数值，m 必须为偶数），最大迭代次数为 $T_{\max}$（也可设置门槛误差值作为迭代运算结束条件，或设置二选一的双重条件），CSO 算法中的横向交叉概率为 1，纵向交叉概率为 0.6。

步骤 2：计算适应度值。将 λ 和 η 种群，通过式（4.20）、式（4.23）和式（4.25）得到对应的原始数据负荷预测值 $\hat{x}^{(0)}(k+1)$。再以相对误差绝对值之和 $\sum \delta$ 取最小值为目标函数，CSO 算法的适应度函数如下：

$$F = \min \sum \delta = \sum_{k=1}^{n} \left| \frac{\hat{x}^{(0)}(k) - x^{(0)}(k)}{x^{(0)}(k)} \right| \tag{4.26}$$

式中 n——原始数据序列的数据个数，F 越小，说明参数 λ 和 η 用于灰色建模的适应性越好。

步骤 3：利用式（3.70）进行纵向交叉计算产生新的子代。其中 $X_{d_1}^{m}$ 和 $X_{d_2}^{m}$ 为父代的 λ 和 η 种群，$MV_{d_1}^{m}$ 为计算获得的子代。值得注意的是：虽然 λ 的取值范围是 [0，1]，但 η 是任意取值的；由于 CSO 算法要求被优化参数是归一化的值，所以必须在运算前先对 η

利用最大值－最小值方法进行归一化处理后，才能进行纵向交叉计算。而经 CSO 算法获得的优化计算结果要通过反归一化运算，才能得到更新的 λ 和 η 种群。

步骤 4：将更新的 λ 和 η 种群带入步骤 2 计算新的适应度值，比较当前参数粒子的当前适应度值和自身历史最优值 F_{best}，如果优于原来的个体极值 F_{best}，设置当前适应值为个体极值 F_{best}，进而找出当前的最优预测值 $\hat{x}_{best}^{(0)}$。

步骤 5：利用式（3.69）对粒子群进行横向交叉计算产生新的子代（式中各参数的含义及取值如前述说明），之后带入步骤 2 计算更新适应度值，比较粒子的当前适应度值和自身历史最优值 F_{best}，如果优于原来的个体极值 F_{best}，设置当前适应值为个体极值 F_{best}，进而找出当前的最优预测值 $\hat{x}_{best}^{(0)}$。

步骤 6：判断迭代次数是否大于 T_{max}（或者小于门槛值），如果大于 T_{max}（或者小于门槛值），则退出迭代。否则转向步骤 3。

步骤 7：由优化计算数值 λ 和 η，计算得到最优预测值 $\hat{x}^{(0)}$。

得到 CSOGM 模型预测计算的流程图如图 4.20 所示。

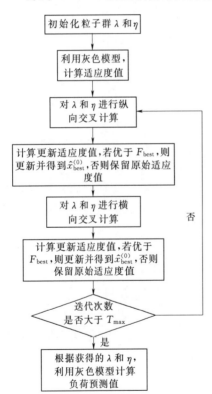

图 4.20　CSOGM 流程图

4. CSOGM 在电能计量装置状态监测中的应用

用电过程虽然是一个动态的随机过程，但也有其一定的内在规律，用灰色系统建模分析用电量是一种可行的方法。在灰色系统模型下，利用纵横交叉算法通过对影响预测精度的参数的优化选择，实现对用电量的精确预测，既可达到评估电能计量装置工作状态的目的，又可起到防止少数用户非法窃电的效果，因此，纵横交叉优化灰色模型 CSOGM 能够对用户的电能计量异常现象提供有效的评判依据。

由于 CSO 优化方法具有较好的数据优化能力，因此，当用 CSOGM 模型进行某时间段的用电量负荷预测时，若实际用电量与预测值的相对误差出现超过 5% 的情况，并且在检查了用户当前并无停电检修、天气等因素造成用电量的突然变化后，便可以初步判断用户为用电异常对象，进而可安排进入现场检查计划。

【例 4.8】　为了验证本书提出的纵横交叉优化灰色模型算法的准确性和优越性，以广州市 2004 年到 2012 年的年用量数据作为建模样本分别建立常规 GM(1，1) 模型和本文所提的 CSOGM 模型，然后用该地区 2013—2014 年的年用电量数据作为实验样本进行负荷预测。

设置 CSO 随机产生的粒子数 $m=30$，粒子维数为 2，代表参数 λ 和 η，最大迭代次数 $T_{max}=1500$。横向交叉概率为 1，纵向交叉概率为 0.6。

在 Matlab 仿真下分别建立 GM(1，1) 模型、PSOGM 模型和 CSOGM 模型，得到三个模型下的负荷预测值和相对误差，如表 4.12 所示。

表 4.12　　　　　　GM(1，1) 模型、PSOGM 和 CSOGM 模型下的预测结果　　　单位：亿 kW·h

样本种类	年份	实际值	GM 模型		PSOGM 模型		CSOGM 模型	
			预测值	相对误差/%	预测值	相对误差/%	预测值	相对误差/%
建模样本	2004	332.85	332.85	0	323.56	−2.79	323.30	−2.87
	2005	345.27	351.95	1.93	348.60	0.96	341.68	−1.04
	2006	351.60	358.66	2.01	348.01	−1.02	347.77	−1.09
	2007	372.27	365.50	−1.82	378.93	1.79	375.43	0.85
	2008	381.69	372.46	−2.42	390.81	2.39	387.19	1.44
	2009	386.75	379.56	−1.86	393.94	1.86	390.08	0.86
	2010	388.18	380.80	−1.90	393.54	1.38	393.38	1.34
	2011	389.19	384.21	−1.28	387.33	−0.48	389.13	−0.20
	2012	396.91	389.15	−1.96	399.39	0.62	396.51	−0.1
试验样本	2013	403.32	393.31	−2.48	396.87	−1.6	401.71	−0.4
	2014	422.17	411.15	−2.61	430.53	1.98	422.59	0.1

从表 4.12 可以看出，由于粒子群算法 PSO 后期容易出现早熟问题，全局收敛能力不足，造成出现局部收敛，后期误差增大。CSO 算法由于前期收敛速度不如 PSO，所以造成前期预测数据不如 PSO 精确。但是，CSO 算法具有强大的全局收敛能力和更快的收敛速率，使得后期误差较 PSO 有明显的优势。CSOGM 模型的相对误差较 GM、PSOGM 模型的相对误差明显降低，说明这种基于优化算法的改进模型提高了预测的精度。

［例 4.8］的计算结果及大量的数据仿真表明，基于 CSOGM 模型的负荷预测效果较好，能够将拟合误差和预测误差控制在 2% 以内，因此，在考虑实际应用中可能出现的不可控因素的影响后，将用电异常的门限值设定为 5% 是合理的和完全可行的。

5. 案例分析

【例 4.9】　表 4.13 为某企业 2014 年 1—12 月的用电量统计，根据现场电能计量装置运行情况及计量中心计量自动化系统的后台系统的分析显示，该企业 1—9 月用电量正常，并无异常状况发生。试用 CSOGM 模型算法，分析该企业 2014 年 10—12 月用电量的状况。

表 4.13　　　　　　　　　　某企业 2014 年月用电量　　　　　　　　　　单位：万 kW·h

月　　份	实际值	预测值	相对误差/%
1	154	154.21	0.14
2	162	158.79	−1.98
3	158	160.54	1.60
4	163	161.39	−0.98
5	153	155.2	1.43
6	166	165.97	−0.01
7	157	157.9	0.57

续表

月　　份	实际值	预测值	相对误差/%
8	167	168.94	1.16
9	151	151.73	0.48
10	165	175.28	6.23
11	160	161.37	0.85
12	162	163.58	0.97

以该企业 1—9 月的用电量数据为训练样本，利用 CSOGM 模型算法，对该企业的用电量的预测值及与实际值的相对误差的计算结果如表 4.13 所示。得到 CSOGM 模型的负荷预测拟合曲线如图 4.21 所示。

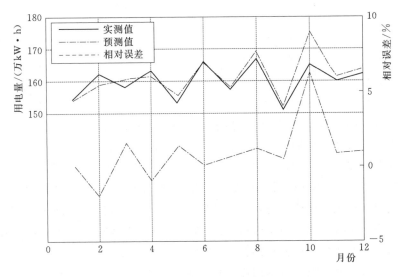

图 4.21　负荷预测及误差曲线

根据拟合曲线可以看出该企业在 10 月用电总额预测值与实际值相差较大，超过了算法允许的误差范围，故据此可判断为用电异常怀疑对象。

基于纵横交叉优化的灰色模型预测方法利用纵横交叉算法在参数优化方面的先进性，通过引入参数 λ 和 η 对模型的发展灰数 a 和内生控制灰数 u 进行优化，可较大地提高灰色模型的预测精度，通过该模型可以更有效的评估电能计量数据是否存在异常，从而为电能计量装置的状态评估提供了一种有效方法。

4.4.3　层次分析法与模糊理论在电能计量装置状态监测中的应用

电能计量装置运行状态评价在理论上属于一个多层次、影响因素较多的复杂问题，只有通过对各种电参量的影响的综合分析和评估，才能实现对电能计量装置状态评价的优化设计。层次分析法是模拟人的思考逻辑和推理分析，使用定性和定量的方式将复杂的问题系统化，将多个目标决策化为多层次的简单问题，又不会单一地追求理论计算，是一种应用容易，结果简单明确的分析方法。本节将分析层次分析法与模糊运算相结合应用于电能计量装置运行状态评价方法的可行性，并通过具体案例介绍了实现其状态评价的具体步骤。

1. 层次分析法原理

层次分析法（Analytic Hierarchy Process，AHP）是美国的 Saaty 教授于 20 世纪 70 年代初为解决电力的合理分配问题提出的一种数学分析方法，其特点是在对复杂的决策问题的本质、影响因素及其内在关系等进行深入分析的基础上，利用较少的定量信息使决策的思维过程数学化，从而为多目标、多准则或无结构特性的复杂决策问题提供简便的决策方法。尤其适合于对决策结果难以直接准确评估的场合。其基本分析流程如图 4.22 所示。

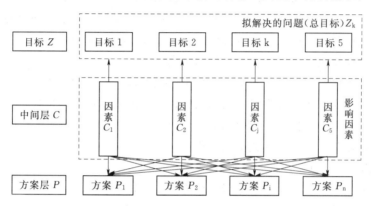

图 4.22　层次分析法基本原理

层次分析法的一般分析过程如下：

（1）建立层次结构模型。将决策的目标、考虑的因素（决策准则）和决策对象按它们之间的相互关系分为目标层 Z、中间层 C、方案层 P，绘出层次结构图。其中：目标层为决策的优化方案结果输出层；中间层为影响决策的各因素的重要程度的关联分析层，即决策推理层；方案层为每个具体的方案参数，即数据输入层。

（2）构造判断矩阵。在确定各层次各因素之间的权重时，如果只是定性的结果，则常常不容易被别人接受，因而 Saaty 等提出了一致矩阵法，即：不把所有因素放在一起比较，而是两两相互比较。对比时采用相对尺度（常采用 1～9 标度法），以尽可能减少性质不同因素相互比较的困难，以提高准确度。

（3）判断矩阵的一致性检验。所谓一致性是指判断思维的逻辑一致性。如当甲比丙是强烈重要，而乙比丙是稍微重要时，显然甲一定比乙重要。这就是判断思维的逻辑一致性，否则判断就会有矛盾。

（4）层次单排序。所谓层次单排序是指，对于上一层某因素而言，本层次各因素的重要性的排序。

（5）层次总排序。确定某层所有因素对于总目标相对重要性的排序权值过程，称为层次总排序。

这一过程是从最高层到最底层依次进行的。对于最高层而言，其层次单排序的结果也就是总排序的结果。

用加权和的方法计算各备选方案（输入量）对总目标的最终权重，将其归一化后，最终得到权重最大者即为最优方案；将计算结果与理论方案作比较，证明其合理性。

2. 模糊理论

电气设备在状态监测过程中存在许多不确定性，常常表现为不同的设备状态可能具有相似的电参量特征值，而不同的电参量特征值可能对应同一设备异常状态。因此，设备状态监测异常与否可视为具有一定的模糊性。不能将设备的异常性绝对地识别为"存在"或"不存在"。对于设备出现异常这一模糊现象，用传统的监测识别方法存在一些困难，模糊逻辑则显示出其模糊数学的优越性。

正如3.4.1所介绍，模糊理论是将经典集合理论模糊化，并引入语言变量和近似推理的模糊逻辑，具有完整的推理体系的智能技术。模糊推理是一种基于知识的人工智能识别方法。它利用模糊逻辑来描述电参量特征值与设备异常状态间的数学关系，通过隶属度函数和模糊关系方程解决设备异常原因与状态识别问题。

模糊推理采用模糊逻辑给定的输入到输出的映射过程。模糊推理包括5个方面：

(1) 输入变量模糊化，即把确定的输入转化为由隶属度描述的模糊集。

(2) 在模糊规则的前件中应用模糊算子（与、或、非）。

(3) 根据模糊蕴含运算由前提推断结论。

(4) 合成每一个规则的结论部分，得出总的结论。

(5) 反模糊化，即把输出的模糊量转化为确定的输出。

设电能计量自动化系统中电能计量设备运行电参量特征或征兆值构成一个模糊集合，此模糊集合可以用状态特征向量 X 来表示。

$$X=(x_1,x_2,\cdots,x_n) \tag{4.27}$$

各电能计量设备运行状态（异常或正常）为另一个模糊集合，此模糊集合可以用状态标记向量 Y 来表示。

$$Y=(y_1,y_2,\cdots,y_m) \tag{4.28}$$

式中，状态特征向量 X 和状态标记向量 Y 中的各元素 x_i 和 y_i 均为模糊变量；x_i，$y_i \in [0,1]$，其数值由各自对应的隶属度函数来确认。

在运用模糊逻辑进行状态监测时，状态识别规则可由反映设备运行状况与电参量特征之间因果关系的模糊关系矩阵 R 予以描述。这样，状态特征向量 X、模糊关系矩阵 R 及状态标记向量 Y 构成了模糊关系方程：

$$X \cdot R=Y \tag{4.29}$$

即

$$\begin{bmatrix} x_1 & x_2 & \cdots & x_n \end{bmatrix} \cdot \begin{bmatrix} r_{11} & r_{12} & \cdots & r_{1m} \\ r_{21} & r_{22} & \cdots & r_{2m} \\ \vdots & \vdots & \vdots & \vdots \\ r_{n1} & r_{n2} & \cdots & r_{nm} \end{bmatrix} = \begin{bmatrix} y_1 & y_2 & \cdots & y_m \end{bmatrix} \tag{4.30}$$

式中，"·"表示内积运算。

根据电参量特征（X——输入量）和模糊推理规则（R——模糊算子）推理出设备运行状态（Y——输出量）的状态监测过程，就转化为模糊关系方程的求解问题。

3. 层次分析法与模糊运算在电能计量装置运行状态监测上的应用设计

层次分析法的应用分为：建立模型、形成对比矩阵、一致性检验、层次单排序、层次总排序获得最终方案（结论）等五个步骤。由于电能计量装置运行工况的复杂性，应用研究中在考虑影响因素时选择了计量电压、计量电流、相角、功率因素及异常告警这五个技术指标作为影响决策的评价指标，并将技术指标的状态特征参数进行模糊量化处理。

分析上述因素的影响建立了图 4.23 的评估模型，该模型分为三层：目标层是要达到的预期结果，即识别异常出现在何部件及得出异常概率度；准则层是中间层，也是影响因素层，它表示着对于结果的影响程度；输入层为原方案层，为电能计量装置各原始运行数据或事件记录，通过对其模糊化后形成数据输入矩阵，再通过与影响因素层的模糊矩运算得出运行状态评价结论。

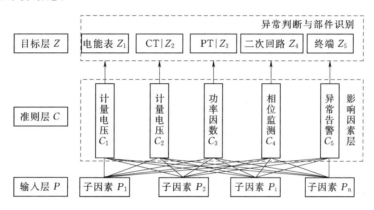

图 4.23 电能计量装置运行状态评价模型

该评价方法的实现关键在于输入层与准则层及准则层与目标层间模糊运算关系处理上。

（1）输入层数据 P 的模糊化处理。根据相关规约及输入层各状态监测特征变量的获取方法，按表 4.14 给出输入层变量及取值范围，形成状态特征矩阵 $P_{5 \times 5}$。

表 4.14　　　　　　　　　　　　输 入 层 变 量 及 取 值

类　别	变量	定　义	取值范围
计量电压	P_{11}	失压监测	[0，1]
	P_{12}	三相电压不平衡监测	[0，1]
	P_{13}	A 相电压突变越限	0 或 1
	P_{14}	B 相电压突变越限	0 或 1
	P_{15}	C 相电压突变越限	0 或 1
计量电流	P_{21}	失流监测	0 或 1
	P_{22}	三相电流不平衡监测	0 或 1
	P_{23}	电流反极性监测	0 或 1
	P_{24}	反向有（无）功监测	0 或 1
	P_{25}	零相电流监测	0 或 1

续表

类　　别	变量	定　　义	取值范围
功率因数	P_{31}	瞬时功率因数越下限监测	0 或 1
	P_{32}	瞬时功率因数过"1"监测	0 或 1
	P_{33}	瞬时功率因数突变监测	0 或 1
	P_{34}	电能表或终端在长周期内功率因素越限监测	[0，1]
	P_{35}	电能表与终端在长周期内功率因素差异监测	0 或 1
相角监测	P_{41}	三相电压相位异常监测	0 或 1
	P_{42}	三相电流零点偏移监测	0 或 1
	P_{43}	A 相瞬时电压电流相位超差	[0，1]
	P_{44}	B 相瞬时电压电流相位超差	[0，1]
	P_{45}	C 相瞬时电压电流相位超差	[0，1]
异常告警	P_{51}	装置时钟与通信监测	[0，1]
	P_{52}	装置计量异常监测	[0，1]
	P_{53}	装置二次线路监测	[0，1]
	P_{54}	装置人为开启监测	[0，1]
	P_{55}	统计线损与电量关联度监测	[0，1]

　　注　"1"表示事件已发生；"0"事件未发生；取值为 [0，1] 时，其值大小与对应状态监测项异常程度成模糊正相关。

　　(2) 影响因素层的设计。在五个中间层影响因素中，计量电压指的是电能计量装置上传给计量中心后台数据库的标称电压值，对电压互感器（PT）的异常识别具有一定的参考价值；计量电流指的是电能计量装置上传给计量中心后台数据库的标称电流值，可用于观测用户的用电规律等；功率因数指计量中心后台通过相关运算间接获取的瞬时或长周期内的平均功率因数值，对二次线路的异常与否有一定的指导意义；相位监测指具有相位采样功能的电能计量装置上传给计量中心后台数据库的相位数值及通过相关公式运算获取的间接相角差，能在一定程度上反映互感器及二次线路的运行工况；异常告警指具有现场监测反馈功能的部分告警事件，包括计量差异、时钟异常、表盖/计量门开启、线损异常等方面，能有效预警（告警）电能装置异常或人为窃电事件的发生。

　　(3) 目标层数据的模糊化、反模糊化及模糊运算。数值量化是关键的一个步骤，量化数据的合理性直接反映出模型结果的准确性，在此评价过程中，模糊矩阵是其中重要的一环。模糊矩阵的形成是根据模糊数学为基础，将多种因素多层次的逻辑关系运用模糊函数定量化，考虑到在电能计量装置状态评价涉及多个因素，所以采用模糊矩阵能很好地解决这个难题。

　　此模糊评估过程是指先计算每一个输入层中的原始状态特征量与对应准则层的相对权重，再计算每一个准则层因素针对于目标层的各子目标的相对权重。同样采用 1～9 标度法，通过比较影响上一层因素两两之间的重要程度大小，从中选用一个值进行代替，这样在评估的时候就有了不同的权重，用于区分不同因素之间的重要程度，形成的矩阵需进行一致性检验以判定构成的判断矩阵的合理性。

　　通过上述模糊运算，即可获得目标层各子目标的模糊量化值，此时只需通过反模糊化运算得出待评估电能计量装置各部件运行状态状况（概率异常程度）。

（4）层次分析法与模糊运算的电能计量装置状态监测方法实现步骤。

1）通过计量自动化系统后台用户疑似用电异常列表中寻找并获取目标用户之状态特征系数矩阵 $P_{5 \times 5}$。

2）采用 $1-9$ 标度法，构造判断矩阵求出输入层子因素与对应准则层因素的模糊隶属度矩阵的列向量 R_{c1}、R_{c2}、R_{c3}、R_{c4}、R_{c5}，最后进行一致性检验以判定构成的判断矩阵的合理性。

对于每一个准则层因素的模糊隶属度矩阵列向量 R_{c1}、R_{c2}、R_{c3}、R_{c4}、R_{c5} 的求取，由于电能计量装置设备功能参数已规范化，上传至于后台数据库端的原始数据已标准化，不存在明显的数量级差异，因而输入层中的 25 个指标量化均在 ［0，1］ 内，它们的影响权重是相对固定的。为计算方便，表 4.15 给出了输入层中各因素对于每一个准则层因素的模糊隶属度对比矩阵及对应列向量 R_{c1}、R_{c2}、R_{c3}、R_{c4}、R_{c5} 的各元素数值。

表 4.15　　　　　　　　　　模糊对比矩阵及权重表

C 层	P 层	对比矩阵	R_{ci}
C_1	P_{11}	$\begin{bmatrix} 1 & 2 & 1 & 1 & 1 \\ 1/2 & 1 & 1/2 & 1/2 & 1/2 \\ 1 & 2 & 1 & 1 & 1 \\ 1 & 2 & 1 & 1 & 1 \\ 1 & 2 & 1 & 1 & 1 \end{bmatrix}$	0.222
	P_{12}		0.112
	P_{13}		0.222
	P_{14}		0.222
	P_{15}		0.222
C_2	P_{21}	$\begin{bmatrix} 1 & 6 & 5 & 5 & 3 \\ 1/6 & 1 & 1/4 & 1/4 & 1/2 \\ 1/5 & 4 & 1 & 1 & 3 \\ 1/5 & 4 & 1 & 1 & 3 \\ 1/3 & 2 & 1/3 & 1/3 & 1 \end{bmatrix}$	0.521
	P_{22}		0.050
	P_{23}		0.170
	P_{24}		0.170
	P_{25}		0.089
C_3	P_{31}	$\begin{bmatrix} 1 & 1/4 & 1/5 & 1/3 & 1/7 \\ 4 & 1 & 1/4 & 1/2 & 1/6 \\ 5 & 4 & 1 & 3 & 1/5 \\ 3 & 2 & 1/3 & 1 & 1/3 \\ 7 & 6 & 5 & 3 & 1 \end{bmatrix}$	0.041
	P_{32}		0.084
	P_{33}		0.230
	P_{34}		0.123
	P_{35}		0.522
$C4$	P_{41}	$\begin{bmatrix} 1 & 2 & 4 & 4 & 4 \\ 1/2 & 1 & 3 & 3 & 3 \\ 1/4 & 1/3 & 1 & 1 & 1 \\ 1/4 & 1/3 & 1 & 1 & 1 \\ 1/4 & 1/3 & 1 & 1 & 1 \end{bmatrix}$	0.430
	P_{42}		0.273
	P_{43}		0.099
	P_{44}		0.099
	P_{45}		0.099
C_5	P_{51}	$\begin{bmatrix} 1 & 3 & 1/5 & 1/9 & 1/7 \\ 1/3 & 1 & 1/4 & 1/8 & 1/6 \\ 5 & 4 & 1 & 1/5 & 1/3 \\ 9 & 8 & 5 & 1 & 2 \\ 7 & 6 & 3 & 1/2 & 1 \end{bmatrix}$	0.054
	P_{52}		0.037
	P_{53}		0.141
	P_{54}		0.477
	P_{55}		0.291

3）同样采用 1—9 标度法，构造判断矩阵分别求出各因素（即计量电压、计量电流、功率因数、相位监测、异常告警）对于"电能表、电流互感器、电压互感器、二次回路和终端"目标层的 5 个子目标状态评价的模糊矩阵 R_{Zk}（$k=1，2，3，4，5$），最后进行一致性检验以判定构成的判断矩阵的合理性。

为简化计算过程，表 4.16 给出了准则层各影响因素对于每一个目标层子目标的模糊隶属度判断矩阵及对应列向量 R_{Z1}、R_{Z2}、R_{Z3}、R_{Z4}、R_{Z5} 的各元素数值。

表 4.16　模糊对比矩阵及权重表

Z 层	C 层	判断矩阵	R_{Zk}
Z_1	C_1	$\begin{bmatrix}1&1&1/3&1/2&1/6\\1&1&1/3&1/2&1/6\\3&3&1&2&1/5\\2&2&1/2&1&1/4\\6&6&5&4&1\end{bmatrix}$	0.069
	C_2		0.069
	C_3		0.188
	C_4		0.124
	C_5		0.550
Z_2	C_1	$\begin{bmatrix}1&1/6&1/4&1/5&1/2\\6&1&3&2&4\\4&1/3&1&1/2&2\\5&1/2&2&1&3\\2&1/4&1/2&1/3&1\end{bmatrix}$	0.052
	C_2		0.422
	C_3		0.165
	C_4		0.267
	C_5		0.094
Z_3	C_1	$\begin{bmatrix}1&6&4&5&2\\1/6&1&1/3&1/2&1/4\\1/4&3&1&2&1/2\\1/5&2&1/2&1&1/3\\1/2&4&2&3&1\end{bmatrix}$	0.453
	C_2		0.066
	C_3		0.089
	C_4		0.247
	C_5		0.145
Z_4	C_1	$\begin{bmatrix}1&1&1/5&1/2&1/4\\1&1&1/5&1/2&1/4\\5&5&1&4&2\\2&2&1/4&1&1/3\\4&4&1/2&3&1\end{bmatrix}$	0.073
	C_2		0.073
	C_3		0.442
	C_4		0.123
	C_5		0.289
Z_5	C_1	$\begin{bmatrix}1&1/2&1/5&1/3&1/7\\2&1&1/4&1/2&1/6\\5&4&1&2&1/3\\3&2&1/2&1&1/2\\7&6&3&2&1\end{bmatrix}$	0.051
	C_2		0.078
	C_3		0.251
	C_4		0.161
	C_5		0.459

4）通过矩阵运算获得准则层因素模糊量化行向量 C，将其组合运算获取目标层的状态评价系数矩阵 Z，最后将状态评价矩阵 Z 反模糊化，获取部件运行状态的模糊评估值。

a. 将步骤二获得的每个准则层因素的模糊矩阵 R_{Ci} 列向量，通过公式 $C_i = P_i . \cdot R_{Ci}$

$(i=1，2，3，4，5)$得到每个准则层因素模糊量化值 C_i，组合形成行向量 $C_{1\times5}$。即：

$$C=\begin{bmatrix} C_1 & C_2 & C_3 & C_4 & C_5 \end{bmatrix}$$
$$=\begin{bmatrix} P_1\cdot R_{C1} & P_2\cdot R_{C2} & P_3\cdot R_{C3} & P_4\cdot R_{C4} & P_5\cdot R_{C5} \end{bmatrix} \qquad (4.31)$$

b. 将步骤三获得的每个目标层因素的模糊矩阵 R_{Zk} 列向量，通过公式 $Z_k=C\cdot R_{Zk}$ $(k=1，2，3，4，5)$得到每个目标层子目标模糊量化值 Z_k，组合形成行向量 $\boldsymbol{Z}_{1\times5}$，$\boldsymbol{Z}$ 为所取状态评估模糊化矩阵。即：

$$Z=\begin{bmatrix} Z_1 & Z_2 & Z_3 & Z_4 & Z_5 \end{bmatrix}=C\begin{bmatrix} R_{Z1} & R_{Z2} & R_{Z3} & R_{Z4} & R_{Z5} \end{bmatrix} \qquad (4.32)$$

c. 行向量 Z 中各模糊量化值即为子目标因素的评价系数，评价系数与子目标状态评价值 $SASE$（设备各部件概率运行状态）之间满足如下关系：

$$SASE\begin{cases} 1\% & Z_k\in[0,\alpha_k) \\ [1+49\times(Z_k-\alpha_k)/(\beta_k-\alpha_k)]\% & Z_k\in[\alpha_k,\beta_k) \\ [50+49\times(Z_k-\alpha_k)/(1-\alpha_k-\beta_k)]\% & Z_k\in[\beta_k,1-\alpha_k) \\ 99\% & Z_k\in[1-\alpha_k,1) \end{cases} \quad (k=1,2,\cdots,5)$$

$$(4.33)$$

阈值 α_k 和 β_k 的获取，以"最大隶属度取最大值"及"隶属度求和"为原则，选取输入层因素中可表征子目标异常的充要权重因子作为评价阈值。各子目标阈值如表 4.17 所示。

表 4.17   子目标异常概率阈值

部件	电能表	CT	PT	二次线路	终端
α_k	0.262	0.220	0.106	0.138	0.219
β_k	0.454	0.344	0.413	0.275	0.436

d. 由式（4.33）计算的结果是一个为 $[0，1]$ 之间的数值，该值越大，表明对应单元出现故障的概率越大。根据计算结果，可分析确定故障可能出现的位置，并将计算结果通知相关人员，作为现场检修的依据。

4. 案例分析

【例 4.10】 选取某供电局计量自动化系统疑似异常用户列表中某电子企业为例，用户基本性质如下：报装容量 315kVA（Ⅲ类用户），选定状态评价时间段为 2015 年 12 月 25 日 0：00—16：00，用电数据见表 4.18、表 4.19。

表 4.18   某企业 12 月 25 日 15min 监测点电压、电流、功率因数汇总表

时间点	P	A 相电流	B 相电流	C 相电流	A 相电压	B 相电压	C 相电压	功率因数计算值
1	0.0810	0.42	0.48	0.44	104	104	104	0.97
2	0.0942	0.53	0.57	0.55	104	104	104	0.91
3	0.0923	0.49	0.54	0.50	104	104	104	0.97
4	0.0906	0.48	0.52	0.49	104	104	104	0.97
5	0.0973	0.50	0.55	0.52	104	104	104	0.99

时间点	P	A相电流	B相电流	C相电流	A相电压	B相电压	C相电压	功率因数计算值
6	0.0896	0.47	0.51	0.48	104	104	104	0.98
7	0.0774	0.41	0.45	0.42	104	104	104	0.97
8	0.0883	0.47	0.52	0.48	104	104	104	0.96
9	0.0905	0.49	0.54	0.50	104	104	104	0.95
10	0.0867	0.47	0.51	0.48	104	104	104	0.95
11	0.0914	0.51	0.55	0.53	104	104	104	0.92
12	0.0893	0.48	0.52	0.48	104	105	104	0.97
13	0.0823	0.43	0.47	0.44	104	105	104	0.98
14	0.0886	0.59	0.63	0.61	104	105	104	0.78
15	0.0937	0.48	0.53	0.51	105	105	104	0.98
16	0.0873	0.50	0.55	0.54	104	105	104	0.88
17	0.0937	0.50	0.55	0.52	105	105	104	0.95
18	0.0937	0.50	0.53	0.51	105	105	104	0.97
19	0.1002	0.54	0.57	0.56	105	105	104	0.95
20	0.0823	0.53	0.57	0.55	105	105	105	0.79
21	0.1042	0.59	0.63	0.61	105	105	104	0.90
22	0.1061	0.54	0.56	0.55	105	105	104	1.02
23	0.0949	0.51	0.54	0.52	104	105	104	0.97
24	0.0959	0.53	0.55	0.54	104	104	104	0.95
25	0.0908	0.49	0.52	0.49	104	104	104	0.97
26	0.0923	0.51	0.53	0.52	104	104	104	0.95
27	0.0906	0.49	0.52	0.49	104	104	104	0.97
28	0.0937	0.47	0.49	0.48	104	104	104	1.04
29	0.0850	0.46	0.49	0.43	104	104	104	0.99
30	0.1032	0.53	0.63	0.61	103	103	103	0.94
31	0.0828	0.43	0.48	0.47	103	103	103	0.97
32	0.0890	0.44	0.51	0.46	103	103	103	1.02
33	0.1725	1.18	0.93	0.84	102	102	102	0.96
34	0.1630	1.13	0.83	0.82	101	101	101	0.97
35	0.1649	1.10	0.80	0.79	101	101	101	1.01
36	0.1550	1.08	0.76	0.81	101	101	100	0.97
37	0.1660	1.07	0.85	0.80	100	101	100	1.02
38	0.1734	1.18	0.92	0.89	100	101	100	0.97
39	0.1733	1.16	0.90	0.92	100	101	100	0.97
40	0.1710	1.18	0.91	0.86	100	100	100	0.97

时间点	P	A相电流	B相电流	C相电流	A相电压	B相电压	C相电压	功率因数计算值
41	0.1772	1.22	0.95	0.93	100	100	100	0.95
42	0.2070	1.39	1.05	1.10	100	100	100	0.97
43	0.1924	1.34	1.01	1.01	100	100	100	0.95
44	0.2005	1.39	1.03	1.07	100	100	100	0.96
45	0.2082	1.44	1.11	1.12	100	100	100	0.95
46	0.1526	0.87	0.84	0.89	100	100	100	0.98
47	0.1902	1.33	1.00	1.08	101	101	101	0.92
48	0.1555	1.09	0.76	0.77	103	103	103	0.96
49	0.1168	0.61	0.70	0.64	104	104	104	0.96
50	0.0936	0.52	0.56	0.50	103	103	103	0.96
51	0.0917	0.51	0.52	0.48	103	103	103	0.98
52	0.0830	0.47	0.48	0.44	103	103	103	0.97
53	0.0965	0.51	0.58	0.54	103	103	102	0.96
54	0.1038	0.57	0.63	0.62	102	103	103	0.93
55	0.1258	0.67	0.74	0.72	101	102	102	0.97
56	0.1668	1.18	0.84	0.92	101	102	101	0.94
57	0.1299	0.74	0.76	0.71	101	101	101	0.97
58	0.1224	0.62	0.65	0.61	101	101	101	1.07
59	0.1238	0.69	0.71	0.69	101	101	101	0.98
60	0.1278	0.69	0.73	0.70	101	101	101	0.99
61	0.1246	0.69	0.73	0.70	101	101	101	0.97
62	0.0599		"失流"		101	102	102	—

注　以上信息均为标幺值。

表 4.19　　　　某企业 12 月 19—25 日期间电量行度汇总表

日期	电能表			终端			有功行度偏差	无功行度偏差
	有功行度	无功行度	功率因数	有功行度	无功行度	功率因数		
12 月 19 日	2.92	0.30	0.99	2.92	1.68	0.867	0.00	−1.38
12 月 20 日	2.77	0.29	0.99	2.77	1.56	0.871	0.00	−1.27
12 月 21 日	2.84	0.29	0.99	2.84	1.56	0.876	0.00	−1.27
12 月 22 日	2.80	0.26	1.00	2.81	1.55	0.876	−0.01	−1.29
12 月 23 日	2.85	0.29	0.99	2.85	1.57	0.876	0.00	−1.28
12 月 24 日	2.89	0.29	1.00	2.90	1.59	0.877	−0.01	−1.30
12 月 25 日	1.81	0.19	0.99	1.80	1.07	0.860	0.01	−0.88

注　以上信息均为标幺值。

步骤 1：由计量自动化系统获取的用户数据确定目标用户的状态特征系数矩阵 P。

通过对表 4.18 的数据分析，可知在电压监测中，除存在个别三相电压值有差异的情况外，其余监测项均在正常范围内，可确定失压监测系数 $P_{11}=0$，三相电压不平衡参数 $P_{12}=0.1$，相电压突变越限系数 $P_{13}=P_{14}=P_{15}=0$。

电流监测中，由于在第 62 个监测点出现失流，可确定失流监测系数 $P_{21}=1$，其余监测点电流变化在允许范围内，则 $P_{22}=P_{23}=P_{24}=P_{25}=0$。

功率因数监测中，第 14 监测点，$\lambda=0.78<0.85$，则 $P_{31}=1$；第 22、28 等监测点，$\lambda>1$，则 $P_{32}=1$；第 13～14 监测点（$\lambda=0.98\rightarrow0.78$），出现功率因数突变，则 $P_{33}=1$。由表 4.19 可知，电能表端计算得的功率因数一周内为 $[0.99，1]$ 之间，而企业生产工作中，一般难以达到该数值，属疑似越上限异常，则 $P_{34}=0.5$；电能表端由行度计算得出的功率因数与终端存在明显差异，$P_{35}=1$。

相位监测中，因受该用户实际采集设备的制约，无法获取该类信息。电压相位一般由电源侧决定，除因互感器损坏外，不易发生改变，而现场三相电压数值稳定，故可令 $P_{41}=0$，企业为三相三线用电，不存在中性线，即 $P_{42}=0$。假设相位监测中存在因信道不同步造成的轻微异常，即 $P_{43}=P_{44}=P_{45}=0.1$。

异常告警监测中，可发现告警列表中存在终端掉电的情况，则令 $P_{51}=0.5$；表 4.19中，电能表与终端无功计量存在明显差异，则令 $P_{52}=0.5$；存在终端掉电的情况，其实质与二次线路相关，则 $P_{53}=0.5$；人为开启监测功能尚未实现，即 $P_{54}=0$；计量后台中，可计算出该企业用电量规律与台区线损电量为中等强度的负相关，即 $P_{55}=0.5$。

综上所述，可得目标监测用户状态系数矩阵 P 为：

$$P=\begin{bmatrix} 0 & 0.1 & 0 & 0 & 0 \\ 1 & 0 & 0 & 0 & 0 \\ 1 & 1 & 1 & 0.5 & 1 \\ 0 & 0 & 0.1 & 0.1 & 0.1 \\ 0.5 & 0.5 & 0.5 & 0 & 0.5 \end{bmatrix}=\begin{bmatrix} P_{1.} \\ P_{2.} \\ P_{3.} \\ P_{4.} \\ P_{5.} \end{bmatrix}$$

步骤 2：通过公式 $C_i=P_i \cdot R_{Ci}$（$i=1，2，3，4，5$）得到每个准则层因素模糊量化值 C_i，从而形成行向量 $C_{1\times5}$。即：

$$\begin{aligned} C &=\begin{bmatrix} C_1 & C_2 & C_3 & C_4 & C_5 \end{bmatrix} \\ &=\begin{bmatrix} P_{1.} \cdot R_{C1} & P_{2.} \cdot R_{C2} & P_{3.} \cdot R_{C3} & P_{4.} \cdot R_{C4} & P_{5.} \cdot R_{C5} \end{bmatrix} \\ &=\begin{bmatrix} 0.011 & 0.521 & 0.939 & 0.030 & 0.262 \end{bmatrix} \end{aligned}$$

步骤 3：通过公式 $Z_k=C \cdot R_{Zk}$（$k=1，2，3，4，5$）得到每个目标层子目标模糊量化值 Z_k，从而获得状态评估模糊化矩阵行向量 $Z_{1\times5}$。即：

$$\begin{aligned} Z &=\begin{bmatrix} Z_1 & Z_2 & Z_3 & Z_4 & Z_5 \end{bmatrix}=C\begin{bmatrix} R_{Z1} & R_{Z2} & R_{Z3} & R_{Z4} & R_{Z5} \end{bmatrix} \\ &=\begin{bmatrix} 0.011 & 0.521 & 0.939 & 0.030 & 0.262 \end{bmatrix} \cdot \begin{bmatrix} 0.069 & 0.052 & 0.453 & 0.073 & 0.051 \\ 0.069 & 0.422 & 0.066 & 0.073 & 0.078 \\ 0.188 & 0.165 & 0.089 & 0.442 & 0.251 \\ 0.124 & 0.267 & 0.247 & 0.123 & 0.161 \\ 0.550 & 0.094 & 0.145 & 0.289 & 0.459 \end{bmatrix} \\ &=\begin{bmatrix} 0.469 & 0.305 & 0.251 & 0.418 & 0.320 \end{bmatrix} \end{aligned}$$

步骤 4：对行向量 Z 中各模糊量评价值以式（4.33）进行反模糊化，得到各部件近似运行状态。结论如表 4.20 所示。

表 4.20 子目标运行状态评价

部件	电能表	CT	PT	二次线路	终端
Z_k	0.361	0.408	0.168	0.533	0.402
异常概率	26%	57%	10%	71%	42%

步骤 5：结果分析。由表 4.20 的计算数值可判定，目标用户电能计量装置中 CT 及二次线路异常为大概率事件，为现场首要异常源，其余部件异常概率度较低，异常部件之间存在潜在关联性。

现场实际情况：经查明，目标用户电能计量装置于 2015 年 12 月 25 日 15：00—16：00 期间，CT 异常，无法带负荷，导致终端二次侧取源回路中断，故障于 2015 年 12 月 30 日排除后，装置运行恢复正常。

可见，利用层次分析法，通过对各监测信息的综合分析应用，可以达到对指定用户电能计量装置运行情况分析评定的目的。

4.5 基于信息融合的电能计量状态监测方法

在第 4.4.3 节介绍了综合利用电能计量自动化系统的各项在线采集数据，采用模糊理论与层次分析法相结合的方法对电能计量装置运行状态进行评估的实现过程。相似地，在数据分析挖掘的工具中，利用信息融合技术结合模糊运算的分析方法也是一种有效手段，同样可以达到综合利用电能计量装置所采集的各项参数对电能计量装置进行综合评估的目的。本质上说，层次分析法是信息融合技术应用的一种方式。本节将介绍综合利用电能计量自动化系统获取的用于计量电压监测、计量电流监测、功率因数监测、相位角监测、电量监测、通信异常监测、计量装置异常监测等监测功能项的各种测量参数，通过信息融合的数据分析处理方法实现对电能计量装置状态评估的方法。

在应用信息融合技术实现对电能计量装置状态监测的评估中，由于用于状态评估的电压、电流、功率因数、相位角、电量、通信异常、计量装置异常等监测参数中的任何一个参数的变化都能从不同方面表征电能计量装置的运行状态信息，采用决策层融合的方法显然是一种可行的方法。即先对来自各个不同监测参数传感器的原始信息进行特征提取，然后从具体决策问题的需要出发，通过一个目标识别过程充分利用任一监测参数特征提取过程中与决策目标相关联的特征信息，再采用适当的信息融合技术实现数据的综合分析利用，进而实现决策评估。另外，由于电能计量装置的运行状态属于一种灰色模型，各种监测参数对状态评估的影响呈现的是模糊化的特征，因此，采用基于代数法的模糊推理方法能充分综合各监测参数数据对设备状态的判断的作用。

模糊推理方法的应用包括模糊集合（模糊数据输入集、模糊输出集、模糊关系集）的建立、模糊运算规则的确定、模糊判据的设计等，其核心关键在于输入数据的模糊化（模糊隶属度函数的建立）和模糊输出量的判定。

N

4.5.1　输入数据的预处理

由于状态监测中采用的各种电压量、电流量、功率因数、相位角、电量计量、通信异常信息、计量装置异常信息等参数的监测数据既包括连续变化信号的分析处理，又有区间判别信号的处理，因此，利用信息融合技术结合模糊运算的分析方法实现的第一步是对这些信号进行预处理，这是必需的一个环节，其目的是对各种输入信号进行归一化模糊处理。

1. 计量电压监测

计量电压的监测指标包括：三相电压，三相电压突变量，三相不平衡电压等。根据对计量电压异常特征的分析，可提取以下特征值：

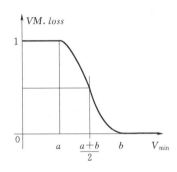

图 4.24　降岭形分布

（1）失压监测。失压是指在有负荷电流条件下，电能计量回路 PT 二次侧任意一相电压小于定值（默认为 $78\%U_N$）。通常指通过 PT 接入电能表，其 PT 二次侧发生故障，而供电线路正常，负荷正常用电的情况。

失压监测特征变量定义为 $VM.loss$（Voltage Loss Monitoring）。以最小值相电压相对于基准值的标幺值 V_{min}，映射到 $[0，1]$ 区间内的某一点作为失压事件发生的概率水平 $VM.loss$。并规定其取值与 V_{min} 存在如式（4.34）的隶属关系，即满足如图 4.24 所示的降岭形分布，依据相关规约可拟定降岭形分布内参数为 $a=0.78$，$b=1$。

$$VM.loss=\begin{cases}1 & V_{min}\leqslant a\\ \dfrac{1}{2}-\dfrac{1}{2}\sin\left[\dfrac{\pi}{b-a}\left(V_{min}-\dfrac{a+b}{2}\right)\right] & a\leqslant V_{min}\leqslant b\\ 0 & V_{min}>b\end{cases} \tag{4.34}$$

（2）三相不平衡电压越限监测。三相电压不平衡度的表达式：

$$\begin{cases}\varepsilon_{U2}=\dfrac{U_2}{U_1}\times100\%\\ \varepsilon_{U0}=\dfrac{U_0}{U_1}\times100\%\end{cases} \tag{4.35}$$

式中　U_1、U_2、U_0——三相电压的正序、负序和零序分量的方均根值，V。

按照 GB/T 15543—2008《电能质量　三相电压不平衡》对三相电压不平衡度的范围要求，如表 4.21 所示，可定义三相电压不平衡特征量集合为 $VM.ib$（Voltage Monitoring, Imbalance）=\{0 或 1\}，其中：1 表征电压不平衡事件发生，0 表征电压不平衡事件未发生。

表 4.21　三相不平衡度容限

$\varepsilon_{U2}/\varepsilon_{U0}$	PCC 点越线判断值	单个用户允许值
电网正常运行	2%	1.3%
短时暂态过程	4%	2.6%

（3）三相电压突变量越限。计量装置中 10kV 线路电压监测一般采用 10/0.1kV 的电压互感器将被测电压转换成额定电压值下的 100V（三相四线）或 57.7V（三相三线），测量精度为 1% 或 0.5%。由于系统后台数据采集的最小采样间隔为 15 分钟，不能完全体现电压突变的暂态过程，因而可采纳同一馈线下，监测并比对同一时刻的不同用户采集到同相电压归算值的方法，来达到搜索或判断电压突变的目的。

三维特征变量定义为 $VM.p$（Voltage Monitoring，Adjacent）$= \{VM.a$，$VM.b$，$VM.c\}$。式中，$VM.p \in \{0, 0.5, 1\}$，$p=a$，b，c。相邻相电压差 ε_{U_p} 与上述特征变量满足式（4.37）的关系。

$$\varepsilon_{U_p} = \frac{|U_p - U_{p,\mathrm{II}}|}{U_{p.u.}} \times 100\% \tag{4.36}$$

$$VM.p = \begin{cases} 1 & \varepsilon_{U_p} > 3\% \\ 0.5 & 1 \leqslant \varepsilon_{U_p} \leqslant 3\% \\ 0 & \varepsilon_{U_p} \leqslant 1\% \end{cases} \tag{4.37}$$

式中 $U_{p,\mathrm{II}}$——同一馈线下相邻用户同相电压；

     p——相别；

     $U_{p.u.}$——额定电压标幺值，$U_{p.u.}=100$（三相四线）或 57.7（三相三线）。

2. 计量电流异常监测

计量电流的监测指标包括：三相电流，三相电流突变，三相不平衡电流等。根据对计量电压异常特征的分析，可提取以下特征值：

（1）三相电流失流监测。按照 DL/T 614—2007《多功能电能表》的定义，失流是指在供电电压正常的情况下，三相电流中某一相或两相电流小于定值（默认 0.5% 额定电流），且其他相电流正常。

失流触发条件：三相电流中任一或两相电流小于临界电流（默认 0.5% 额定电流），且其他相线中有负荷电流大于返回电流（默认 5% 额定电流）。

失流监测特征量定义为 $CM.loss$（Current Loss Monitoring）$= \{0$ 或 $1\}$。式中，1 表征失流事件发生，0 表征失流事件未发生。

（2）三相电流不平衡监测。GB/T 15543—2008《电能质量　三相电压不平衡》中给出了三相不平衡度的计算公式，通常用电流不平衡率来直观表示电流不平衡度的程度，即

$$\beta = \frac{|I_p - I_{av}|}{I_{av}} \times 100\% \tag{4.38}$$

式中 β——电流不平衡率；

   I_p、I_{av}——三相电流最大相电流和三相电流平均值。

三相电流不平衡触发条件：电流不平衡率大于上限阈值（默认三相三线 30%，三相四线 50%），并持续一定时间（默认 15min）。

三相电流不平衡监测特征变量定义为 $CM.ib$（Current Monitoring，Imbalance）。以三相电流不平衡率 β，映射到 $[0，1]$ 区间内的某一点作为电流异常事件发生的概率水平 $CM.ib$。规定其取值与 β 存在如式（4.39）的升岭形分布对应关系（图 4.25），依据相关规约可拟定升岭形分布内参数为 $a=0.20$，$b=0.30$（三相三线制）或 $b=0.50$（三相四线

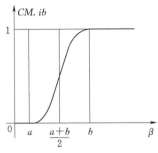

图 4.25　升岭形分布

制）。

$$CM.\,ib=\begin{cases}0 & \beta\leqslant a\\[2mm]\dfrac{1}{2}+\dfrac{1}{2}\sin\left[\dfrac{\pi}{b-a}\left(\beta-\dfrac{a+b}{2}\right)\right] & a<\beta\leqslant b\\[2mm]1 & \beta>b\end{cases}$$

$$(4.39)$$

（3）电流反极性监测。电流反极性指某相电流二次侧回路（进线和出线接反）同名端接错造成计量错误。

电流反极性事件集合定义为 $CM.\,r$（Current Monitoring，Reverse）＝〔0 或 1〕，1 表征电流反极性事件发生，0 表征电流反极性事件未发生。

实际现场中，由于大部分新接入计量系统的用户的电能表具有双向计量功能，当电流反极性时，计量装置会有反向有、无功码字增加，而此时正向有无功码字增量为 0，因此，定义计量装置中存在反向有、无功增量事件集合为 $CM.\,ri$（Current Monitoring，Reverse Increment）＝〔0 或 1〕，1 表示存在反向有、无功增量，0 表示不存在反向有、无功增量。

（4）零相电流监测。零相电流偏大指零相电流超过设定值（默认值为 25％的标称电流值 I_b）。

零相电流偏大事件集合定义为 $CM.\,z$（Current Monitoring，zero phase）＝〔0 或 1〕，1 表征零相电流偏大，0 表征零相电流在安全裕度内。

3. 功率因数异常监测

功率因数的监测指标包括：负荷总功率因数及三相负荷功率因数等。根据对功率因数异常特征的分析，可提取以下特征值：

（1）三相瞬时功率因数监测。现场工作中，大部分新接入计量系统的用户的电能表装置能够向后台每天累计上传 24 个或 96 个采样点的分相有功功率值及其电压电流标幺值，在用户远程终端不具备上传实时功率因数的情况下，功率因数实时值通常由式（4.40）计算得出。

$$\lambda_{p,j}=\frac{P_{p,j}}{k_u k_j U_{p,j} I_{p,j}}\quad[p=a,b,c;j=1,2,\cdots,24(96)]\qquad(4.40)$$

式中　k_u、k_j——互感器变比；

　　　p——相别；

　　　j——采样计数点。

瞬时功率因数二维特征变量定义为 $PF.\,ins$（Instantaneous Power Factor）＝〔$PF.\,min$，$PF.\,tr$，$PF.\,error$〕，变量取值与实时 λ 存在如下模糊二值隶属关系：

$$PF.\,min=\begin{cases}1 & min(\lambda_{p,j})<0.85\\0 & min(\lambda_{p,j})\geqslant0.85\end{cases}\qquad(4.41)$$

$$PF.\,tr=\begin{cases}1 & \exists\,\Delta\lambda_{p,j}=|\lambda_{p,j}-\lambda_{p,j+1}|\geqslant\Delta\lambda_{p,\text{II}}\\0 & \forall\,\Delta\lambda_{p,j}=|\lambda_{p,j}-\lambda_{p,j+1}|<\Delta\lambda_{p,\text{II}}\end{cases}\qquad(4.42)$$

$$PF.error=\begin{cases}1 & \exists\,\lambda_{p,j}\geqslant1\\0 & \forall\,\lambda_{p,j}<1\end{cases} \tag{4.43}$$

式中　$\Delta\lambda_{p,\mathrm{II}}$——相邻采样点功率因数变化，默认值为 0.05；

　　$\exists$、$\forall$——"若存在"（即若其中有一个）和"所有的"的含义。

（2）负荷总功率因数在长周期内异常监测。现行计量系统中，对于大客户用电计量，电能表的计费行度作为收费依据，而计量终端作为通信设备传输数据到后台主站的同时，其计量数据也起到参考表的作用，二者对于同一用电负荷并联运行。因而可通过式（4.44）分别获取并对比二者长周期内（每天）的平均负荷功率因数。

$$\lambda_{\mathrm{avr.\,i}}=\frac{P_{\mathrm{i}}}{\sqrt{P_{\mathrm{i}}^2+Q_{\mathrm{i}}^2}}=\frac{W_{\mathrm{Pi}}}{\sqrt{W_{\mathrm{Pi}}^2+W_{\mathrm{Qi}}^2}}\quad(i=0,1) \tag{4.44}$$

式中　i——参数，$i=0$ 表示终端侧数据，$i=1$ 表示电能表侧数据；

　　W_{Pi}——有功电能；

　　W_{Qi}——无功电能；

　　$\lambda_{\mathrm{avr.\,i}}$——对应设备在长周期内以有无功消耗得出的平均负荷功率因数。

长周期负荷功率因数特征差异变量定义为 $PF.dis$（Discrepant Power Factor），若设其取值与实时 $\lambda_{\mathrm{avr,i}}$ 存在如式（4.45）的模糊隶属关系，即升半梯形分布（如图 4.26），依据经验数据可拟定升半梯形分布内参数为 $a=0.02$，$b=0.05$。

$$PF.dis=\begin{cases}1 & |\lambda_{\mathrm{avr.\,0}}-\lambda_{\mathrm{avr.\,1}}|>b\\ \dfrac{|\lambda_{\mathrm{avr.\,0}}-\lambda_{\mathrm{avr.\,1}}|-b}{b-a} & a<|\lambda_{\mathrm{avr.\,0}}-\lambda_{\mathrm{avr.\,1}}|\leqslant b\\ 0 & |\lambda_{\mathrm{avr.\,0}}-\lambda_{\mathrm{avr.\,1}}|\leqslant a\end{cases} \tag{4.45}$$

4. 相位角异常监测

通过采集器采集三相电压、三相电流的相位判断电能表的三相相序是否正确或是通过平台推算的方式推算出三相的相位角，判断相位角的数值是否落在正常用电区间，如果不在正常区间则产生相位异常记录。

（1）三相电压相位 θ_u 异常监测。理想情况下，三相电源是由 3 个初相依次滞后 120°的正弦电压源组成，依次称为 A 相、B 相和 C 相，初相位 $\theta_{u,p0}$ 依次为 0°、240°和 120°。电压相位现场测量分辨率为 0.1°（即 6′）。因电压相位不易受负荷干扰，若产生电压相位偏差，则电压互感器角差越限为大概率事件。

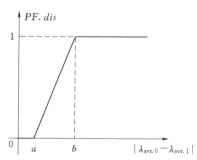

图 4.26　升半梯形分布及其隶属度函数

瞬时电压相位超差特征变量定义为 $PM.insV$（Phase Monitoring, Instantaneous Voltage Phase），变量取值与实时 θ_u 存在如下模糊规则：

$$PM.insV=\begin{cases}1 & \exists\,|\theta_{u,p}-\theta_{u,p0}|>\theta_{u,limt}\\ 0 & \forall\,|\theta_{u,p}-\theta_{u,p0}|>\theta_{u,limt}\end{cases}\quad(p=A,B,C) \tag{4.46}$$

式中　$\theta_{u,limt}$——电压测量用电压互感器的角差限值。不同精度等级的电压互感器基本误差限值如表 4.22 所示。

表 4.22 　　　　　　　　　　　　　　　电压互感器基本误差限值 $\theta_{u, limt}$

准确等级	1.0	0.5	0.2	0.1
相位差/±（′）	40	20	10	5

注　适用于电压为（80％～120％）U_N。

（2）三相电流相位 θ_i 异常监测。电流相位现场测量分辨率为 0.1°，电流相位的改变由负荷属性决定，利用基尔霍夫定律，可由下面公式结合电流幅值及相位信息获取电流测量偏差 $\dot{I}_0$。

$$\dot{I}_A + \dot{I}_B + \dot{I}_C = \dot{I}_0 （三相三线制）$$

$$\dot{I}_A + \dot{I}_B + \dot{I}_C - \dot{I}_N = \dot{I}_0 （三相四线制）$$

零点偏移特征向量定义为 $PM.zero$（Phase Monitoring，zero phase）＝{0 或 1}，1 表征零点偏移相位越限，0 表征零点偏移处于安全范围内。

表 4.23 　　　　　　　　　　　　　　　电流互感器基本误差限值 $\theta_{i, limt}$

准确等级	1.0	0.5	0.2	0.1
相位差/±（′）	60	30	10	5

注　适用于电流为（60％～120％）I_N。

根据误差传递的线性叠加法则及表 4.23 误差限值，可计算出零点偏移比值差限值如表 4.24 所示。

表 4.24 　　　　　　　　　　　　　　　零点偏移 $\dot{I}_0$ 误差允许限值 $\theta_{i, limt}$

准确等级		1.0	0.5	0.2	0.1
相位差/±（′）	3 相 3 线	180	90	30	15
	3 相 4 线	240	120	40	20

注　适用于电流为（60％～120％）I_N。

（3）三相电压电流相位差 $\theta_{u,i}$ 异常监测。由式（4.40）可获取采样点分相瞬时功率因数 λ，根据式（4.47）可计算得出瞬时相电压电流间的夹角（功率因数角）。

$$\theta_{u,i} = \arccos\lambda \tag{4.47}$$

瞬时电压电流相位超差三维特征变量定义为 $PM.dis$（Phase Monitoring，Discrepant Phase）＝{$PM.disA$，$PM.disB$，$PM.disC$}，变量取值与实时 θ_u 及 θ_i 存在如下模糊规则：

$$PM.disp = \begin{cases} 1 & \exists |\theta_{u,p} - \theta_{i,p}| \in [\theta_{u,i} - \theta_{u,i,limt}, \theta_{u,i} + \theta_{u,i,limt}] \\ 0 & \forall |\theta_{u,p} - \theta_{i,p}| \in [\theta_{u,i} - \theta_{u,i,limt}, \theta_{u,i} + \theta_{u,i,limt}] \end{cases} \quad (p = A, B, C) \tag{4.48}$$

式中　$\theta_{u,i,limt}$——电压电流相位差允许偏差。

根据误差传递的线性叠加法则及表 4.22 和表 4.23 误差限值，可计算得出电压电流相位差最大允许偏差如表 4.25 所示。

表 4.25	电压电流相位差最大允许偏差 $\theta_{u,i,limt}$			
准确等级	1.0	0.5	0.2	0.1
相位差/±(′)	100	50	20	10

注 适用于电压为（80%～120%）U_N 且电流为（60%～120%）I_N。

5. 电量异常监测

通过对用户的日电量的对比，即不同设备（电能表和终端）在相同时间周期内采集到的电量数据，或是依据用户的工作日用电规律拟用某些算法进行对比分析，从中找出存在计量差异或不符合用电规律的用户。

（1）计量差异监测。计量差异是指由指定的两个测量点（回路）（终端和电能表）的电量进行对比，两者差值大于指定值。

计量差异事件触发条件：在同一电压电流回路中，终端从起始到此时计量的电量与抄收到的电能表电量差动比例［|（电能表电量－终端电量）/终端电量|］大于差动比率报警阈值（默认 10%）时产生计量差异告警。

计量差异特征变量定义为 $EC.DM$（Electricity Consumption，Measurement Difference）$=\{EC.P，EC.Q\}$，变量取值与有功 W_P 及无功 W_Q 存在如下模糊规则。

有功计量偏差：

$$\delta_{DM.P}=\left|\frac{W_{P1}-W_{P0}}{W_{P0}}\right| \tag{4.49}$$

$$EC.P=\begin{cases}10\delta_{DM.P} & \delta_{DM.P}\leqslant0.1 \\ 1 & \delta_{DM.P}>0.1\end{cases} \tag{4.50}$$

无功计量偏差：

$$\delta_{DM.Q}=\left|\frac{W_{Q1}-W_{Q0}}{W_{Q0}}\right| \tag{4.51}$$

$$EC.Q=\begin{cases}10\delta_{DM.Q} & \delta_{DM.Q}\leqslant0.1 \\ 1 & \delta_{DM.Q}>0.1\end{cases} \tag{4.52}$$

式中　W_{Pi}——有功电能；

　　　W_{Qi}——无功电能；

　　　i——参数，$i=0$ 或 1，0 表示终端侧数据，1 表示电能表侧数据；

　　　δ_{DM}——电能表与终端电量差动比率。

（2）电量计量监测。通过计量自动化后台采集系统，电力营销部门可提取用户峰谷平分时段用电量用于多费率收费，所以，具备数据基础对用户用电规律加以分析。即通过分析待核查用户负荷的历史数据是否有非正常的突变，其负荷峰谷平情况是否和实际差别较大，达到判断其用电是否正常的目的。

电量计量特征变量定义为 $EC.MC$（Electricity Consumption，Measurement Change）$=\{EC.sum，EC.re\}$，其中 $EC.sum$ 表征各时段电量与总电量间的数学关系，$EC.re$ 为用户用电规律性指标。变量取值与峰平谷总及分时有功电量 W 存在如下模糊关系。

$$EC.sum=\begin{cases}0 & W_峰+W_平+W_谷=W_总 \\ 1 & W_峰+W_平+W_谷\neq W_总\end{cases} \tag{4.53}$$

提取分时负荷行度标准差：

$$\sigma_i = \sqrt{\frac{1}{N}\sum_{j=1}^{N}(w_{i,j}-\mu_i)^2}\quad(i=1,2,\cdots,24) \tag{4.54}$$

式中　$w_{i,j}$——用户相邻 N 天中第 j 天第 i 个采样点的负荷行度；

　　　　μ_i——第 i 个采样点相邻 N 天的行度均值。

对一天的分时负荷行度标准差求和：

$$\Phi_j = \sum_{i=1}^{24}\sigma_i\quad(j=1,2,\cdots,N) \tag{4.55}$$

式中　Φ_j——第 j 天分时负荷行度标准差总和。

对 Φ_j 求相邻 N 天的标准差：

$$\sigma_\Phi = \sqrt{\frac{1}{N}\sum_{j=1}^{N}(\Phi_j-\mu_\Phi)^2}\quad(j=1,2,\cdots,24) \tag{4.56}$$

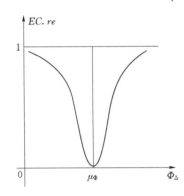

图 4.27　$EC.re$ 隶属函数关系图

假设用户用电规律服从正态分布，利用电能计量前期历史负荷数据及差分法式（4.54）、式（4.56）建立用户负荷评价数据指标，可得到式（4.57）的关于 $EC.re$ 服从正态分布的隶属函数，其中 Φ_Δ 表示任一天分时负荷行度标准差总和。$EC.re$ 的值越大，表示其出现问题的可能性越高。

$$EC.re = 1-e^{-\frac{(\Phi_\Delta-\mu_\Phi)^2}{2\sigma_\Phi^2}} \tag{4.57}$$

6. 通信异常监测

计量装置远程通讯及数据上报功能均由终端实现，因而通信异常与终端运行状态有关。

终端采用交流三相供电，取能于低压供电线路或高压线路二次侧，其终端工作电源要求见表 4.26。按照相关规约规定：终端供电电源中断后，具有数据保持功能，可保存数据至少 10 年；终端掉电时，备用充电电池可维持上报 3 次终端掉电告警的能力。

表 4.26　　　　　　　　　　　终 端 工 作 电 源 要 求

电能表接入类别	电压规格/V	电流规格/A
经互感器接入式	$3\times220/380$ $3\times57.7/100$ 3×100	1 (10)
直接接入式	$3\times220/380$	5 (30) 10 (60) 20 (80)

（1）终端掉电。终端掉电：指终端因交流电压输入故障造成无法正常工作；一般情况下对应的是通过 PT 接入的终端，其 PT 一次侧或二次侧发生故障，或供电线路停电。

终端掉电触发条件：终端主电源电路不能正常工作。

（2）通信失败。通信失败是指终端通过 RS-485 采集电能表数据失败。

通信失败触发条件：当终端连续读取表计三个采样周期数据失败，产生抄表失败告警。

通信异常特征变量定义为 CE（Communication Exception）$= \{CE.1，CE.2，CE.3，CE.4\}$，变量取值满足表 4.27 及图 4.28 约束关系。$CE.i$ 的值越大，表示其出现问题的可能性越高。

表 4.27　　　　　　　　　　　　变　量　定　义　与　取　值

变量	定义	事件未发生	事件发生
$CE.1$	终端掉电		
$CE.2$	终端掉电恢复	0	$\dfrac{n_{CE.i}}{n_{CE.i}+1}$
$CE.3$	通信失败		
$CE.4$	通信失败恢复		

注　$n_{CE.i}$ 为对应事件在长周期（每天）内发生次数。

7. 计量装置异常监测

计量自动化系统平台可通过检测相关的事件来判断是否有设备异常或窃电事件发生。通过本节分析，从计量自动化系统平台获取具有异常预兆能力的告警事件——找出异常事件的单项告警及异常事件的组合告警事件，即某用户在出现某种告警事件的前提下，再次出现其他方面的告警事件。通过这种组合形式的判断，可以更加精准的定位出异常用户。

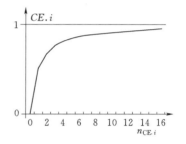

图 4.28　变量 $CE.i$ 与事件发生
次数 $n_{CE.i}$ 关系曲线

几种具有前瞻性的计量装置异常告警事件如下：

（1）电能表时钟异常。电能表时钟异常是指电能表时钟和终端时钟误差超过设定范围。

电能表时钟异常触发条件：以终端时钟为准，当电能表时钟与终端时钟误差超过设定值（默认 10 分钟），判断为电能表时钟异常告警。不区分外部设置、走时超差或时钟失效，在时钟异常期间，终端保证每日上报一次，直到时钟恢复为止。

（2）电能表编程时间更改。电能表编程时间更改是指电能表内部参数被修改导致编程时间发生变化。

电能表编程时间更改触发条件：当检测到电能表内部的参数被修改导致编程时间发生改变，则产生电能表编程时间更改告警。

（3）时钟电池电压过低。时钟电池电压过低是指终端/电能表由于电池电压过低导致内部状态字发生相应的改变。

时钟电池电压触发条件：终端通过检测状态字来判断时钟电池电压是否过低，并确定是否产生终端/电能表时钟电池电压过低告警，终端保证每日上报一次，直到恢复为止。

（4）CT 二次开路。CT 二次开路是指由于人为因素使 CT 二次侧计量回路断开，导致无法准确计量。

CT 二次开路触发条件：CT 二次开路时，终端电流采样回路的输入特性将发生变化，通过对此特性的状态监测来判断 CT 二次侧各相别开路开始或恢复，并产生相应的告警或恢复告警。

（5）PT 二次短路。PT 二次短路是指由于人为因素在 PT 二次侧计量回路之外增加其他短接回路，导致无法准确计量。

PT 二次短路触发条件：PT 二次短路时，终端电流采样回路的输入特性将发生变化，通过对此特性的状态监测来判断 PT 二次侧各相别短路开始或恢复，并产生相应的告警或恢复告警。

（6）电能表停走。电能表停走是指由于电能表故障，电能表在一定功率下，电量（正向和反向）读数长时间不发生变化。

电能表停走触发条件：用当前总功率计算电量增量，当增量大于设定值（默认值为 0.1kW·h）而电能表电量读数仍不发生变化，则产生电能表停走告警。当电能表电量读数发生变化，将增量清零。

（7）电能表飞走。电能表飞走是指：由于电能表故障，电能表电量表码异常增大。

电能表飞走触发条件：采用当前总功率计算电量增量，当增量＞0.1kW·h，而电能表有功电能电量读数的增量大于设定值，则产生电能表飞走告警。

（8）示度下降。示度下降是指由于电能表故障，终端抄读电能表的电量表码值变小。

示度下降触发条件：终端轮询电能表的正、反向有功总电量，若电能表的数据小于终端的数据则产生示度下降告警。

（9）计量装置门开闭。计量装置门开闭是指计量装置门开启和关闭。

计量装置门开闭事件触发条件：终端通过连接到计量装置门的门接点状态判断。

（10）计量差异监测。计量差异是指由指定的两个测量点（回路）（终端和电能表）的电量进行对比，两者差值大于指定值。

计量差异事件触发条件：在同一电压电流回路中，终端从起始到此时计量的电量与抄收到的电能表电量差动比例 ［｜（电能表电量－终端电量）/终端电量｜］ 大于差动比率报警阈值（默认 10%）时产生计量差异告警。

（11）电能表端钮盒开启告警。电能表端钮盒开启告警是指电能表检测到端钮盒开启并记录。

电能表端钮盒开启告警事件触发条件：终端周期性检测电能表端钮盒开启次数，如果次数发生变化，则产生电能表端钮盒开启告警。

（12）电能表盖开启告警。电能表盖开启告警是指电能表检测到表盖开启并记录。

电能表盖开启告警事件触发条件：终端周期性检测电能表开盖次数，如果次数发生变化，则产生电能表盖开启告警。

计量装置异常特征变量定义为 DE（Metering Device Exception Monitoring）$= \{DE.\, Time,$ $DE.\, Secondary\, Circuitry,\ DE.\, Measure\, Warning,\ DE.\, Artificial\, Opening\} = \{DE.1,\ DE.2,$ $DE.3,\ DE.4\}$。变量取值与异常事件记录（Abnormal Event Record）有关。

相关异常事件（Abnormal Event）标注变量定义为 $AE.\, i$（$i=1$，…，12），其定义如表 4.28 所示。不妨假设变量取值 $AE.\, i$ 与实时事件计数 $n_{AE.\, i}$ 存在如式（4.58）模糊隶属关系，即升半正态分布（图 4.29），依据前期经验数据整合可拟定升半正态分布内参数为 $a=0.1$。

$$AE.i=\begin{cases} 0 & 0\leqslant n_{AE.i}<0.1 \\ 1-e^{-(n_{AE.i}-0.1)} & n_{AE.i}\geqslant 0.1 \end{cases} \quad (i=1,2,\cdots,12) \qquad (4.58)$$

表 4.28　　　　　　　　　　　异常事件标注变量定义表

变量	事　件	变量	事　件	变量	事　件
$AE.1$	电能表时钟异常	$AE.5$	PT 二次短路	$AE.9$	计量差异监测
$AE.2$	电能表编程时间更改	$AE.6$	电能表停走	$AE.10$	计量装置门开闭
$AE.3$	时钟电池电压过低	$AE.7$	电能表飞走	$AE.11$	电能表端钮盒开启
$AE.4$	CT 二次开路	$AE.8$	示度下降	$AE.12$	电能表盖开启

注　$n_{AE.i}$ 为对应事件在长周期（每天）内发生次数。

拟定特征变量 DE 与异常事件标注标量 AE 存在如下约束关系。

时钟监测：

$$DE.1=AE.1\cup AE.2\cup AE.3$$

二次线路监测：

$$DE.2=AE.4\cup AE.5$$

计量异常监测：

$$DE.3=AE.6\cup AE.7\cup AE.8\cup AE.9$$

装置人为开启监测：

$$DE.4=AE.10\cup AE.11\cup AE.12$$

式中　$\cup$——并集取最大值运算。

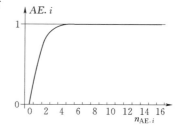

图 4.29　升半正态隶属度函数

上述各种电参量监测特征变量的表述符号及含义汇总如表 4.29 所示，表中的"变量"栏的各个参数形成了模糊数据输入集。

表 4.29　　　　　　　　　　　电参量监测特征变量

类　别	变　量	定　义
计量电压监测	$VM.loss$	失压监测
	$VM.ib$	三相电压不平衡监测
	$VM.a$	A 相电压突变越限
	$VM.b$	B 相电压突变越限
	$VM.c$	C 相电压突变越限
计量电流监测	$CM.loss$	失流监测
	$CM.ib$	三相电流不平衡监测
	$CM.r$	电流反极性监测
	$CM.ri$	反向有（无）功监测
	$CM.z$	零相电流监测

类　　别	变　　量	定　　义
功率因数监测	$PF.min$	瞬时功率因数越下限监测
	$PF.error$	瞬时功率因数过"1"监测
	$PF.tr$	瞬时功率因数过突变监测
	$PF.dis$	电能表与终端在长周期内功率因素差异监测
相位角监测	$PM.insV$	三相电压相位异常监测
	$PM.zero$	三相电流零点偏移监测
	$PM.disA$	A相瞬时电压电流相位超差
	$PM.disB$	B相瞬时电压电流相位超差
	$PM.disC$	C相瞬时电压电流相位超差
电量监测	$EC.P$	电能表与终端有功计量偏差
	$EC.Q$	电能表与终端无功计量偏差
	$EC.sum$	峰谷平之和≠总电量监测
	$EC.re$	用户用电特征时段变化监测
通信异常监测	$CE.1$	终端掉电
	$CE.2$	终端掉电恢复
	$CE.3$	通信失败
	$CE.4$	通信失败恢复
计量装置异常监测	$DE.1$	装置时钟监测
	$DE.2$	装置二次线路监测
	$DE.3$	装置计量异常监测
	$DE.4$	装置人为开启监测

4.5.2　基于信息融合技术的模糊评估方法

正如前所述，由于用于状态评估的电压、电流、功率因数、相位角、电量、通信异常、计量装置异常等监测参数中的任何一个参数的变化都能从不同方面表征电能计量装置的运行状态信息，因此，采用决策层融合的方法首先是利用各个监测参数对决策目标（设备运行状态）进行数据分析，提取与决策目标相关联的特征信息，再采用适当的信息融合技术实现数据的综合分析利用，进而实现决策评估。因此，基于信息融合技术的电能计量装置模糊评估过程的第一步是通过各个参数对运行状态分别进行评估分析。

根据模糊理论，若将用于电能计量装置状态评估的监测参量特征构成一个模糊输入集合，即：$X=\begin{bmatrix} x_1 & x_2 & x_3 & \cdots & x_n \end{bmatrix}^T$，将电能计量装置的运行状态定义为一个模糊输出集合，即：$Y=\begin{bmatrix} y_1 & y_2 & y_3 & \cdots & y_m \end{bmatrix}^T$，则通过建立一个从模糊输入 X 到模糊输出 Y 的模糊变换 R，即可得到模糊输入矩阵 X 与模糊输出矩阵 Y 之间的模糊关系 $Y=R \cdot X$。

在运用模糊逻辑进行状态模糊评估时，模糊关系矩阵 R 是反映各在线监测电参量与设备运行状况之间因果关系的一个模糊关系集，是表征各模糊输入量的值对于不同输出结果的影响程度的一个集合。模糊关系矩阵是一个 $m \times n$ 阶矩阵，其中 n 等于模糊输入集的元素个数，m 等于模糊输出集的元素个数。由于各种因素所处的地位和作用不同，因而其评判的价值各异，其主要体现在各个因素的权重不同。对于各种评判，模糊方法并不是绝对的肯定或否定，因而 R 中的任一元素 r_{ij} 表示的是第 j 种作用因素对于第 i 种输出结果的影响。也就是说，$R_i = (r_{i1}, r_{i2}, \cdots, r_{in})$ 反映了各种作用因素对于第 i 种输出结果的影响，即 r_{ij} 代表的是第 j 种作用因素的权重，而 $R_j = (r_{1j}, r_{2j}, \cdots, r_{mj})$ 则反映了第 j 种作用因素在不同输出结果中所占的地位，因此只要确定权重 R_i，相应的就可以得到一个模糊评估 Y_i，即：

$$
\begin{bmatrix} y_1 & y_2 & \cdots & y_m \end{bmatrix}^T = \begin{bmatrix} r_{11} & r_{12} & \cdots & r_{1n} \\ r_{21} & r_{22} & \cdots & r_{2n} \\ \vdots & \vdots & \vdots & \vdots \\ r_{m1} & r_{m2} & \cdots & r_{mn} \end{bmatrix} \cdot \begin{bmatrix} x_1 & x_2 & \cdots & x_n \end{bmatrix}^T \tag{4.59}
$$

为分析电能计量装置运行异常的产生原因，考虑到引起各种计量异常的因素有可能是电能计量装置构成模块中的电流互感器、电压互感器、二次线路、电能表、终端等部件，故将模糊输出矩阵 Y 定义为：

$$
Y = \begin{bmatrix} y_1 & y_2 & y_3 & y_4 & y_5 \end{bmatrix}^T \tag{4.60}
$$

由于能评估设备运行状态的参数有多个，借鉴故障诊断的相关方法，状态监测实际上是根据检测量所获得的某些状态特征以及系统异常与状态表征之间的映射关系，找出系统异常源的过程。为了充分利用检测量所提供的信息，在可能的情况下可以对每个检测量采用模糊分析的数学方法进行监测（这一过程称为局部监测）；再将各监测方法所得到的结果加以综合，得到系统状态监测的总体结果（这一过程称为全局监测融合）。

1. 基于计量电压监测参数的模糊评估

虽然理论上，模糊关系可通过 $R_i \in F(Y \times X)$ 诱导出，实际中，由于 X、Y 的模糊不确定性，而 R 中第 j 行 R_j 反映的是被评估对象的第 j 个因素对于评估集中各等级的重要程度，因此，一般是通过采用专家根据经验赋值或实验的方法获得，并将其作归一化处理，即使模糊关系矩阵中的各元素满足等式 $\sum_{j=1}^{n} r_{ij} = 1$。

依据专家经验及过往巡检案例的各类统计数据，考虑到电压参数的监测与电流互感器的状态没有关系，受电能表、终端的运行情况的影响几乎是相同的，受二次线路影响略大，而受电压互感器的影响大，可建立基于计量电压监测参数的电能计量装置状态监测模糊关系矩阵如下：

$$
R_1 = \begin{bmatrix} 0 & 0 & 0 & 0 & 0 \\ 0.5 & 0.5 & 0.5 & 0.5 & 0.5 \\ 0.2 & 0.2 & 0.2 & 0.2 & 0.2 \\ 0.15 & 0.15 & 0.15 & 0.15 & 0.15 \\ 0.15 & 0.15 & 0.15 & 0.15 & 0.15 \end{bmatrix} \tag{4.61}
$$

通过对计量电压监测参数经前述模糊化公式（4.34）～式（4.37）处理后，形成模糊输入集合 $X_1 = [VM.loss \quad VM.ib \quad VM.a \quad VM.b \quad VM.c]$，再利用式（4.59）即可得出基于计量电压监测参数的模糊评估结果 $Y_1 = R_1 \cdot X_1$。

2. 基于计量电流监测参数的模糊评估

同样，依据专家经验及以前巡检案例的各类统计数据，考虑到电流参数的监测与电压互感器的状态没有关系，受二次线路影响略小，受电能表、终端的运行情况的影响几乎相同，而受电流互感器的影响最大，可建立基于计量电流监测参数的电能计量装置状态监测模糊关系矩阵如下：

$$R_2 = \begin{bmatrix} 0.45 & 0.45 & 0.45 & 0.45 & 0.45 \\ 0 & 0 & 0 & 0 & 0 \\ 0.15 & 0.15 & 0.15 & 0.15 & 0.15 \\ 0.2 & 0.2 & 0.2 & 0.2 & 0.2 \\ 0.2 & 0.2 & 0.2 & 0.2 & 0.2 \end{bmatrix} \qquad (4.62)$$

通过对计量电流监测参数经前述模糊化公式（4.38）和式（4.39）处理后，形成模糊输入集合 $X_2 = [CM.loss \quad CM.ib \quad CM.r \quad CM.ri \quad CM.z]$，再利用式（4.59）即可得出基于计量电流监测参数的模糊评估结果 $Y_2 = R_2 \cdot X_2$。

3. 基于功率因数监测参数的模糊评估

类似地，依据专家经验及历史巡检案例的各类统计数据，考虑到功率因数各参数与电流互感器、电压互感器、二次线路、电能表、终端的相互影响关系，可建立基于功率因数监测参数的电能计量装置状态监测模糊关系矩阵如下：

$$R_3 = \begin{bmatrix} 0.3 & 0.1 & 0.1 & 0.05 \\ 0.3 & 0.1 & 0.1 & 0.05 \\ 0.2 & 0 & 0.4 & 0.1 \\ 0.1 & 0.4 & 0.2 & 0.4 \\ 0.1 & 0.4 & 0.2 & 0.4 \end{bmatrix} \qquad (4.63)$$

通过对功率因数监测参数经前述模糊化公式（4.40）～式（4.45）处理后，形成模糊输入集合 $X_3 = [PF.min \quad PF.error \quad PF.tr \quad PF.dis]$，再利用式（4.59）即可得出基于功率因数监测参数的模糊评估结果 $Y_3 = R_3 \cdot X_3$。

4. 基于相位角监测参数的模糊评估

考虑到相位角各参数与电流互感器、电压互感器、二次线路、电能表、终端的相互影响关系，依据专业理论并以历史巡检案例的各类统计数据作为验证参考，同样可获得基于相位角监测参数的电能计量装置状态监测模糊关系矩阵如下：

$$R_4 = \begin{bmatrix} 0.7 & 0 & 0.3 & 0.3 & 0.3 \\ 0 & 0.7 & 0.3 & 0.3 & 0.3 \\ 0.1 & 0.1 & 0.1 & 0.1 & 0.1 \\ 0.1 & 0.1 & 0.15 & 0.15 & 0.15 \\ 0.1 & 0.1 & 0.15 & 0.15 & 0.15 \end{bmatrix} \qquad (4.64)$$

通过对相位角监测参数经前述模糊化式（4.46）～式（4.48）处理后，形成模糊输入集合 $X_4 = [PM.insV \quad PM.zero \quad PM.disA \quad PM.disB \quad PM.disC]$，再利用式（4.59）即可得出基于相位角监测参数的模糊评估结果 $Y_4 = R_4 \cdot X_4$。

5. 基于电量监测参数的模糊评估

考虑到电能计量监测各参数与电流互感器、电压互感器、二次线路、电能表、终端的相互影响关系，以及用电过程中可能出现的非法用电因素，依据专业理论及运行经验的各类统计数据，可建立基于电量监测参数的电能计量装置状态监测模糊关系矩阵如下：

$$R_5 = \begin{bmatrix} 0 & 0 & 0 & 0.1 \\ 0 & 0 & 0 & 0.1 \\ 0 & 0 & 0 & 0.1 \\ 0.5 & 0.5 & 0.5 & 0.4 \\ 0.5 & 0.5 & 0.5 & 0.3 \end{bmatrix} \tag{4.65}$$

通过对电量监测参数经前述模糊化式（4.49）～式（4.57）处理后，形成模糊输入集合 $X_5 = [EC.P \quad EC.Q \quad EC.sum \quad EC.re]$，再利用式（4.59）即可得出基于电量监测参数的模糊评估结果 $Y_5 = R_5 \cdot X_5$。

6. 基于通信异常监测参数的模糊评估

通信异常监测主要是监测的系统通信功能，与电能计量的准确度无关。通信异常只可能发生在电能表与计量终端，以及计量终端与计量自动化系统之间，且是一个发生次数统计量，利用表 4.27 中的计算公式进行归一化模糊化处理后，可形成模糊输入集合 $X_6 = [CE.1 \quad CE.2 \quad CE.3 \quad CE.4]$，再通过利用经验及专业理论分析各参数与电压互感器、电流互感器、电能表、终端、二次线路的相互影响关系，建立基于通信异常监测参数的电能计量装置状态监测模糊关系矩阵：

$$R_6 = \begin{bmatrix} 0 & 0.1 & 0 & 0 \\ 0 & 0 & 0 & 0 \\ 0 & 0 & 0 & 0 \\ 0.5 & 0.4 & 0.5 & 0.5 \\ 0.5 & 0.5 & 0.5 & 0.5 \end{bmatrix} \tag{4.66}$$

利用式（4.59）即可得出基于通信异常监测参数的电能计量装置运行状态局部监测的模糊评估结果 $Y_6 = R_6 \cdot X_6$。

7. 基于计量装置异常监测参数的模糊评估

考虑到计量装置异常各参数与电流互感器、电压互感器、二次线路、电能表、终端的相互影响关系，利用专业理论分析，可建立基于计量装置异常监测参数的电能计量装置状态监测模糊关系矩阵如下：

$$R_7 = \begin{bmatrix} 0 & 0 & 0 & 0 \\ 0 & 0 & 0 & 0 \\ 0 & 0.8 & 0 & 0 \\ 0.5 & 0.1 & 0.5 & 1 \\ 0.5 & 0.1 & 0.5 & 0 \end{bmatrix} \tag{4.67}$$

通过对计量装置异常监测参数经前述模糊化公式（4.58）处理后，形成模糊输入集合 $X_7 = [DE.1 \quad DE.2 \quad DE.3 \quad DE.4]$，再利用式（4.59）即可得出基于计量装置异常监测参数的模糊评估结果 $Y_7 = R_7 \cdot X_7$。

应该指出的是，上述模糊计算的模糊关系矩阵主要是依据相关专业理论结合有限的实际案例综合分析归纳得出的，在具体应用时，随着案例的日益丰富，对矩阵中各元素权重值的适当调整还是很有必要的。

经过以上处理过程对各参数的分析计算，可以获得通过当前已知监测参数条件下对设备运行状态的各个评估数据，即：

$$Y = \begin{bmatrix} Y_1 & Y_2 & \cdots & Y_7 \end{bmatrix}$$

$$= \begin{bmatrix} y_{11} & y_{12} & \cdots & y_{17} \\ y_{21} & y_{22} & \cdots & y_{27} \\ \vdots & \vdots & \cdots & \vdots \\ y_{51} & y_{52} & \cdots & y_{57} \end{bmatrix} \tag{4.68}$$

式中：列向量 $Y_{.i}$ 为每一监测子元 X_i 与对应关联矩阵 R_i 进行模糊运算后的电能计量装置各部件的状态系数集，表示计量异常故障类型；行向量 $Y_{j.}$ 为各电参量监测特征量由不同关联矩阵 R 映射到电能计量装置中各个部件的状态系数集。

列向量 $Y_{.i}$ 是根据不同的监测参数数据获得的对电能计量装置异常原因的分析结果，由于决策环境（即运行状态）具有模糊性，各个监测指标所表述的决策目标（即模糊意见）也具有较大的模糊性，因此，设备运行状态的评估实际上是一个模糊意见集中的决策过程。模糊意见的集中决策有模糊优先关系排序决策、模糊相似优先比决策、模糊相对比较决策等多种方法。

模糊意见集中决策的原理可以简述为：设论域 $U = \{u_1 \quad u_2 \quad \cdots \quad u_n\}$（设备运行状态评估结果），可供对论域 U 提供决策支持的因素为 m 个，由 m 个因素获得了 m 个不同的模糊意见，记为：$V = \{v_1 \quad v_2 \quad \cdots \quad v_m\}$，其中 v_i 表示第 i 个因素表述的意见，即 U 中元素的某一种排序，则可以通过模糊决策方法实现对模糊意见的集中决策。

由于用于评估电能计量装置运行状态的各参数的权重影响因子难以确定，因此，在模糊决策过程中采用模糊优先关系排序决策的方法是一种可行的方法。其实现过程如下。

令 $u_i \in U$，$B_i(u)$ 表示第 i 个因素表述意见序列 v_i 中排在 u_i 后的元素个数，即：

若 u_i 在第 i 个因素表述意见序列 v_i 中排在第一位，则 $B_i(u) = n-1$；

若 u_i 在第 i 个因素表述意见序列 v_i 中排在第二位，则 $B_i(u) = n-2$；

$\vdots$

若 u_i 在第 i 个因素表述意见序列 v_i 中排在第 k 位，则 $B_i(u) = n-k$；

将 u_i 在 m 个因素获得的 m 个不同模糊意见的 $B_i(u)$ 值累加起来，得到 $B(u) = \sum_{i=1}^{m} B_i(u)$（称为 u_i 的 Borda 数），则论域 U 中的所有元素可按 Borda 数排序。

这种方法可以对产生计量异常的电能计量装置各部件的可能性做一个优先排序，但不能反映其可能性程度的大小，因此也可以通过对 Y 中各行求行范数 $\|Y\|_c$（即各行分别求和）的方法评估其发生异常的可能性。

4.5.3　信息融合技术与模糊理论在电能计量装置状态监测中的应用

信息融合技术与模糊理论在电能计量装置状态监测中的应用过程可归纳为以下步骤：

步骤 1：从计量自动化系统后台采集目标客户特征状态量，经模糊化处理构成各参数的模糊输入集合 X_i。

步骤 2：通过各个参量的模糊运算获得不同参量对设备运行状态评估的局部结论，并形成全局评估的矩阵 Y。需要说明的是，根据用户类别、容量等，可适当对 4.5.2 节的关联矩阵 R 的各因子权值做适当调整和修正。

步骤 3：应用模糊优先关系排序决策的方法计算判断装置异常的 Borda 数，求 Y 阵的行范数 $\|Y\|_c$。

步骤 4：根据 Borda 数及行范数，得出目标客户电能计量装置状态评价结论。

【例 4.11】 某电子企业负荷基本性质如下：报装容量 315kVA（Ⅲ类用户），三线三相制供电。选定状态评价时间段为 2015 年 12 月 25 日 0：00—16：00，期间相关用电信息参数见表 4.18 和表 4.19。

装置的状态分析评估处理过程如下：

步骤 1：分析企业的用电数据特征，获得模糊输入集合。

该时段目标用户输入层状态特征系数矩阵 X 的推导过程如下：

由表 4.30 分析可知，电压监测中，除存在个别三相电压值有差异的情况外，其余监测项均在正常范围内，可设 $X_{12}=0.1$，$X_{11}=X_{13}=X_{14}=X_{15}=0$，故 $X_1=[0\ \ 0.1\ \ 0\ \ 0\ \ 0]$。

电流监测中，除在第 62 个监测点出现失流（$X_{21}=1$），其余监测点电流变化在允许范围内，则 $X_{22}=X_{23}=X_{24}=X_{25}=0$，故 $X_2=[1\ \ 0\ \ 0\ \ 0\ \ 0]$。

功率因数监测中，第 14 监测点，$\lambda=0.78<0.85$，则 $X_{31}=1$；第 22、28 等监测点，$\lambda>1$，则 $X_{32}=1$；第 13-14 监测点（$\lambda=0.98\rightarrow0.78$），出现功率因数突变，则 $X_{33}=1$；由表 4.31 可知，电能表端由行度计算得出的功率因数与终端存在明显差异，$X_{34}=1$，故 $X_3=[1\ \ 1\ \ 1\ \ 1]$。

相位监测中，因受该用户实际采集设备的制约，无法获取该类信息；电压相位一般由电源侧决定，除因互感器损坏外，不易发生改变，而现场三相电压数值稳定，故可令 $X_{41}=0$，企业为三相三线用电，不存在中性线，即 $X_{42}=0$；假设相位监测中存在因信道不同步造成的轻微异常，即 $X_{43}=X_{44}=X_{45}=0.1$，故 $X_4=[0\ \ 0\ \ 0.1\ \ 0.1\ \ 0.1]$。

电量监测中，由表 4.31 可得，电能表与终端的有功计量偏差在允许范围内，而无功计量存在明显偏差，则 $X_{51}=0$，$X_{52}=1$；观察后台数据，可知峰谷平行度＝总行度，近一周用电规律趋势平缓，则 $X_{53}=0$，$X_{54}=0$，故 $X_5=[0\ \ 1\ \ 0\ \ 0]$。

通信异常监测中，可发现告警列表中存在 2 次终端掉电的情况，则 $P_{61}=0.5$，而 $P_{62}=P_{63}=P_{64}=0$，故 $X_6=[0.5\ \ 0\ \ 0\ \ 0]$。

计量装置异常监测中，时钟无异常告警，$P_{71}=0$；存在终端掉电的情况，其实质与二次线路间接相关，则 $P_{72}=0.5$；表 4.29 中，无功计量存在明显差异，则 $P_{73}=1$；人为开启监测功能尚未实现，令 $P_{74}=0$，故 $X_7=[0\ \ 0.5\ \ 1\ \ 0]$。

步骤 2：通过各个参量的模糊运算获得不同参量对设备运行状态评估的局部结论，形成全局评估的矩阵 Y。

利用式（4.61）～式（4.67）的关系矩阵分别与各模糊输入参数进行模糊运算，得到各局部评估结果，再由式（4.68）表示为：

$$Y=\begin{bmatrix} 0 & 0.45 & 0.55 & 0.09 & 0 & 0 & 0 \\ 0.05 & 0 & 0.55 & 0.09 & 0 & 0 & 0 \\ 0.02 & 0.15 & 0.7 & 0.03 & 0 & 0 & 0.4 \\ 0.015 & 0.2 & 1.1 & 0.045 & 0.5 & 0.25 & 0.55 \\ 0.015 & 0.2 & 1.1 & 0.045 & 0.5 & 0.25 & 0.55 \end{bmatrix}$$

步骤 3：应用模糊优先关系排序决策的方法计算判断装置异常的 Borda 数，求 Y 阵的行范数 $\|Y\|_c$。

由步骤 2 计算获得的全局评估矩阵 Y，依据模糊优先关系排序决策方法的评分原则，可得到排序评分矩阵 Y_r。评分时应注意到，若有多个因素的模糊数相同，则将这几个数的总得分平均分配给各个因素。于是：

$$Y_r=\begin{bmatrix} 0 & 4 & 0.5 & 3.5 & 1 & 1 & 0.5 \\ 4 & 0 & 0.5 & 3.5 & 1 & 1 & 0.5 \\ 3 & 1 & 2 & 0 & 1 & 1 & 2 \\ 1.5 & 2.5 & 3.5 & 1.5 & 3.5 & 3.5 & 3.5 \\ 1.5 & 2.5 & 3.5 & 1.5 & 3.5 & 3.5 & 3.5 \end{bmatrix}$$

将 Y_r 中的各行的数值相加，即可得到通过不同监测参数的模糊评估结果（局部评估意见）计算出的 Borda 数，从而形成按 Borda 数排序的计量异常原因分析结果。即有：电流互感器异常的 Borda 数为：$B(CT)=10.5$；电压互感器异常的 Borda 数为：$B(PT)=10.5$；二次线路（SC：secondary circuit）异常的 Borda 数为：$B(SC)=10$；电能表（EM：energy metering unit）异常的 Borda 数为：$B(EM)=19.5$；终端（MT：metering terminal unit）异常的 Borda 数为：$B(MT)=19.5$。

通过求取 Y 阵的行范数 $\|Y\|_c$ 可以得到数据：$\|Y\|_c=[1.09 \quad 0.69 \quad 1.3 \quad 2.66 \quad 2.66]^T$。

步骤 4：根据 Borda 数及行范数，得出目标客户电能计量装置状态评价结论。

优先级决策排序分析及行范数计算结果表明，目标用户电能计量装置模块中终端和电能表异常为大概率事件，必须进行现场核实与排查。而其他部件的异常程度较低且相近，表明计量装置各组成部件之间存在潜在关联性，两两之间不是独立的。

现场排查结果表明，目标用户电能计量装置于 2015 年 12 月 25 日 15：00—16：00 期间，其中一组负责给终端供电的电源发生故障，导致终端工作异常。而之所以终端和电能表的 Borda 数和行范数的计算值相同，是因为由于电能表与电能计量终端的关联度较大，故其局部模糊推理各关系矩阵中的多个权重因子的取值是相同的，而此次计量异常故障检测到的异常特征量恰好是这些权重因子对应的参数，故有相似的评估结果，必须由现象排查。

另外，应该强调的是，由于此方法分析的是故障影响度，所以对于缺失项可以通过赋零值的方法进行运算而不会影响到最终的计算结果。也就是说，即使信息量不完整，也可以通过有限的信息进行评估，只是可能评估的结果偏差会稍大；并且，由于该评估方法具有较大的开放性，也可增加其他的评估特征量，譬如说：网络线损监测等参数。

基于信息融合与模糊理论的电能计量装置状态监测方法，因涉及监测特征量模糊量化的问题，其计算过程稍显复杂，分析过程中关联矩阵的形成也需要一些现场经验及专业评判等，但它给出了一套具有数据支持的集成信息融合与模糊推理的分析方法，从而达到简化电能计量装置状态监测手段的目的。实际应用中，可通过计量自动化系统后台并行接口，将相关数据通过软件处理，直接生成最后的分析矩阵 Y_r 与 $\|Y\|_c$，根据计算结果为装置的运行状态的评估提供决策判断的依据，降低现场排查工作的盲目性，有效解决现场电能计量装置运行评价（监测）需诸多人力物力的难题。

4.6 本 章 小 结

电能计量装置是供用电双方贸易结算的法律依据，其计量误差直接关系到双方贸易结算的公平合理性，所以对电能计量装置的运行状态评价显得尤为重要。国内对于电能计量装置运行状态评价的常规方法为采用周期现场检验的方式，而针对电能计量装置运行状况的在线监测设备和系统的应用性技术尚处于研究开发中。利用先进的传感技术、网络通信技术、数据分析和处理技术，将数据和信息通过远程计量装置传回计量中心进行集中分析是计量自动化技术发展的趋势，也是智能电网的发展方向。

电能计量装置运行状态评价在理论上属于一个多层次、多影响因素的复杂问题，只有通过对各种电参量的影响的综合分析和评估，才能实现对电能计量装置状态评价的优化设计。本章在介绍计量自动化系统的基本体系结构的基础上，详细分析了基于电工理论的电能计量装置监测方法、基于数学分析和数据挖掘的方法、基于人工智能技术的方法、基于信息融合技术的方法在电能计量状态监测中应用的实现方法和过程，并以案例分析的方式详细介绍了方法应用的步骤。

从这些方法的实现过程可以看出，通过对采集数据的深度分析，完全可以解决电能计量装置的运行状态的在线评估问题；但是，也存在一定的局限性，关键是电能计量装置的数量随着电力工业的快速发展越来越多，仅靠计量中心的一台或几台中央处理机去完成大量电能计量装置的状态评估，利用现有技术难以实现，主要是由于数据分析处理能力的限制，因此，目前只能是对用户进行定时、定点、抽检式分析评估。若想完成对所有用户全面的监测评估，必须要有新的解决思路。一个可取的方法是利用分布式处理技术，将大规模的数据集中处理转换成分布式就地处理方式，通过网络传输给中央处理系统的数据是包含设备运行状态的信息，这样，中央处理器的任务就大为减轻，技术上就可以实现对设备运行异常的快速分析处理，达到实时全覆盖状态监测的目的。方案的核心在于数据的分布式处理技术的研究。实际上，利用现有技术完全可以解决这个问题，其基本方法是对目前现场安装使用的电能计量装置的功能设置做一定的修改，规定电能计量装置必须具有基本的状态监测与评估功能，如将基于电工理论的电能计量装置监测方法和基于信息融合技术的方法应用于新一代的电能计量装置，这样，对于各个具体的运行设备的状态的评估，只需要通过对各分布式处理的结果进行分类统计即可，而中央处理系统的状态监测重点可以放在异常用电的分析方面，从而实现对全部电能计量装置的实时状态监测和用电异常检测的目的。

新一代电能计量装置的设计最好采用双 CPU 的设计方案，其中一个 CPU 的作用和现用电能计量装置的相同，专门用于电能计量；另一个 CPU 则通过并行通信的方式从计量用 CPU 获得实时的用电数据，利用本章介绍的状态监测方法完成对电能计量装置的状态监测，并通过网络将分析结果上传到计量中心，实现计量远传数据的精细化和实用化。随着电子技术的飞速发展，事实上，这个方案对于计量装置的生产而言，并没有增加多少成本，但对于计量系统的运行而言，则是极大地提高了其运行的可靠性；或者，即使在计量终端安装具有类似功能的芯片，也会对计量自动化系统的性能产生较好的效果。

参 考 文 献

[1]　孙即祥. 现代模式识别 [M]. 北京：高等教育出版社，2008.

[2]　王小妮. 数据挖掘技术 [M]. 北京：北京航空航天大学出版社，2014.

[3]　丁振良. 误差理论与数据处理 [M]. 哈尔滨：哈尔滨工业大学出版社，2002.

[4]　胡可云，田凤占，黄厚宽. 数据挖掘理论与应用 [M]. 北京：清华大学出版社，2008.

[5]　朱明. 数据挖掘 [M]. 合肥：中国科技大学出版社，2008.

[6]　王桂增，叶昊. 主元分析与偏最小二乘法 [M]. 北京：清华大学出版社，2012.

[7]　谢季坚，刘承平. 模糊数学方法及其应用 [M]. 武汉：华中科技大学出版社，2006.

[8]　梁亚声，徐欣，成小菊，等. 数据挖掘原理、算法与应用 [M]. 北京：机械工业出版社，2015.

[9]　汪荣鑫. 数理统计 [M]. 西安：西安交通大学出版社，1986.

[10]　肖勇，党三磊，张思建，等. 电能计量设备故障分析与可靠性技术 [M]. 北京：中国电力出版社，2014.

[11]　欧朝龙. 电能计量技术及故障处理 [M]. 北京：中国电力出版社，2016.

[12]　邓聚龙. 灰理论基础 [M]. 武汉：华中科技大学出版社，2003.

[13]　中华人民共和国电力工业部. 供电营业规则 [M]. 北京：世界图书出版公司，2001.

[14]　华中工学院电磁测量教研室. 常用电工仪表与测量 [M]. 北京：机械工业出版社，1975.

[15]　郑尧，李兆华，谭金超，等. 电能计量技术手册 [M]. 北京：中国电力出版社，2002.

[16]　国家质量监督检验检疫总局. JJG 596—2012 电子式交流电能表 [S]. 北京：中国质检出版社，2012.

[17]　中华人民共和国国家经济贸易委员会. DL/T 448—2000 电能计量装置技术管理规程 [S]. 北京：中国电力出版社，2000.

[18]　中国南方电网有限责任公司. 中国南方电网有限责任公司负荷管理终端技术规范 [S]. 北京：中国电力出版社，2013.

[19]　Belmont. Decision Making for Leaders：The Analytical Hierarchy Process for Decisions in a Complex World [M]. California：Wadsworth，1982.

[20]　Mimmi L. M. ，Ecer S. An econometric study of illegal electricity connections in the urban favelas of Belo Horizonte，Brazil [J]. Energy Policy，2010，38（9）：5081－5097.

[21]　B. Bat－Erdene，B. Lee，M.－Y. Kim，T. H. Ahn，D. H. Kim Extended smart meters－based remote detection method for illegal electricity usage [J]. IET generation，transmission &amp；distribution，2013，7（11）：1332－1343.

[22]　Lu C. N. ，Huang S. C. ，Lo Y. L. Non－Technical Loss Detection Using State Estimation and Analysis of Variance [J]. IEEE Transactions on Power Systems，2013，28（3）：2959－2966.

[23]　B. Bat－Erdene，B. Lee，M.－Y. Kim，T. H. Ahn，D. H. Kim. Extended smart meters－based remote detection method for illegal electricity usage [J]. IET generation，transmission &amp；distribution，2013，7（11）：1332－1343.

[24]　Lu C. N. ，Huang S. C. ，Lo Y. L. Non－Technical Loss Detection Using State Estimation and Analysis of Variance [J]. IEEE Transactions on Power Systems，2013，28（3）：2959－2966.

[25]　MENG Anbo，LI Jinbei，YIN Hao. An efficient crisscross optimization solution to large－scale non－convex economic load dispatch with multiple fuel types and valve－point effects [J]. Energy，2016，

v113：1147-1161.

[26] MENG Anbo，GE Jiafei，YIN Hao，CHEN Sizhe. Wind speed forecasting based on wavelet packet decomposition and artificial neural networks trained by crisscross optimization algorithm [J]. Energy Conversion and Management，2016，v114：75-88.

[27] 郭立才，彭志炜，范强. 电能计量及反窃电方法综述 [J]. 高压电器，2010，46（5）：86-91.

[28] 范洁，陈霄，周玉，等. 基于用电信息采集系统的电能计量装置异常智能分析方法研究 [J]. 电测与仪表，2013，50(11)：4-9.

[29] 康重庆，夏清，张伯明. 电力系统负荷预测研究综述与发展方向的探讨 [J]. 电力系统自动化，2004，28（17）：1-11.

[30] 代鑫波，崔勇，周德祥，等. 基于主成分与粒子群算法的 LS-SVM 短期负荷预测 [J]. 电测与仪表，2012，49（6）：5-9.

[31] 陆宁，武本令，刘颖. 基于自适应粒子群优化的 SVM 模型在负荷预测中的应用 [J]. 电力系统保护与控制，2011，39（15）：43-51.

[32] 寇鹏，高峰. 几何转换 Boosting 回归算法及其在高耗能企业负荷预测中的应用 [J]. 系统工程理论与实践，2013，33（7）：1880-1888.

[33] 杨胡萍，毕志鹏. 粒子群优化的灰色模型在中长期负荷预测中的应用 [J]. 中国电机工程学报，2005，25（17）：40-63.

[34] 陆宁，周建中，何耀耀. 粒子群优化的神经网络模型在短期负荷预测中的应用 [J]. 电力系统保护与控制，2010，38（12）：65-68.

[35] 李伟，董伟栋，袁亚南. 基于组合函数和遗传算法最优化离散灰色模型的电力负荷预测 [J]. 电力自动化设备，2012，32（04）：76-79.

[36] 张世强. 基于信息再利用的灰色系统 GM(1，1) 模型建模方法及应用 [J]. 数学的实践与认识，2009，39（13）：97-104.

[37] 李伟，袁亚南，牛东晓. 基于缓冲算子和时间响应函数优化灰色模型的中长期负荷预测 [J]. 电力系统保护与控制，2011，39（10）：59-63.

[38] 牛东晓，陈志业，邢棉，等. 具有二重趋势性的季节型电力负荷预测组合优化灰色神经网络模型 [J]. 中国电机工程学报，2002，22（01）：30-32.

[39] 马吉明，徐忠仁，王秉政. 基于粒子群优化的灰色神经网络组合预测模型研究 [J]. 计算机工程与科学，2012，34（02）：146-149.

[40] 吴丽静. 二次压降和二次负荷对电能计量准确度的影响 [J]. 电测与仪表，2007，44（3）：38-39，46.

[41] 胡静斐. 二次负载对电流互感器误差的影响及测试方法 [J]. 广东电力，2005，18（12）：59-61，64.

[42] 李东方. 全微分推导互感器合成误差及二次压降引起的误差 [J]. 电测与仪表，2009，46（9A）：23-25，70.

[43] 韦家旗，唐菁. 电磁式电流互感器运行状态评价应用研究 [J]. 电测与仪表，2010，47（1）：51-54.

[44] 李伟，袁亚南，牛东晓. 基于缓冲算子和时间响应函数优化灰色模型的中长期负荷预测 [J]. 电力系统保护与控制，2011，39（10）：59-63.

[45] 程瑛颖，侯兴哲，肖冀，等. 一种关口电能计量装置状态管理系统的设计与实现 [J]. 电测与仪表，2013，（8）：87-92，120.

[46] 程瑛颖，吴昊，杨华潇，等. 电能计量装置状态模糊综合评估及检验策略研究 [J]. 电测与仪表，2012，49（12）：1-6.

[47] 程瑛颖，杨华潇，肖冀，等. 电能计量装置运行误差分析及状态评价方法研究 [J]. 电工电能新

技术，2014，33（5）：76－80.

[48] 黄俐萍，王卉，杜卫华，等．电能计量装置运行评价方法研究［J］．华东电力，2014，42（11）：2322－2326.

[49] 杜卫华，曹祎，厉达，等．状态评估技术在关口电能计量装置管理上的应用［J］．华东电力，2013，41（10）：2107－2110.

[50] 王春庆，赵玉富，周琪，等．电能计量装置运行现状浅析［J］．电测与仪表，2010，47（Z1）：26－28.

[51] 骆正清，杨善林．层次分析法中几种标度的比较［J］．系统工程理论与实践，2004，24（9）：51－60.

[52] 孙璐．基于改进粒子群优化算法的电力系统无功优化［D］．广州：华南理工大学，2012.

[53] 罗志坤．电能计量在线监测与远程校准系统的研制［M］．长沙：湖南大学，2011.

[54] 李建生．基于电气信息的变电设备状态渐进过程分析方法研究［D］．济南：山东大学，2014.

[55] 司马丽萍．基于改进支持向量机的电力变压器故障诊断与预测方法的研究［D］．武汉：武汉大学，2012.

[56] 郇嘉嘉．电网设备状态检修策略的研究［D］．广州：华南理工大学，2012.

[57] 马刚．输变电设备在线状态分析与智能诊断系统的研究［D］．北京：华北电力大学，2013.

[58] 谢浩．电能计量管理信息系统［D］．天津：天津大学，2008.

[59] 聂一雄．有源光电互感器在大型发、变电站测控保护系统工程应用研究［D］．武汉：华中科技大学，2004.

[60] 池春生．供电企业防治窃电技术的研究与实践［D］．广州：广东工业大学，2014.

[61] 黄立新．智能电网条件下输电检修优化模式与实施方案研究［D］．北京：华北电力大学，2013.

[62] 林锐涛．反窃电及计量异常在线监测和智能诊断系统研究［D］．广州：广东工业大学，2013.